JN299424

ドッグ・トレーナーに必要な

「犬に信頼される」テクニック

犬の行動
シミュレーション・ガイド

A Must for dog trainers

ヴィベケ・S・リーセ ［著］

藤田りか子 ［著・写真］

Vibeke Sch. Reese ［Author］
Fujita Rikako ［Author］

CONTENTS

はじめに [文：藤田りか子] 04

ヴィベケ・S・リーセ（著）、藤田りか子（編）

Chapter 1 問題犬のコンサルティング 07
- 1-1. 問題犬のコンサルティングを行うにあたって 08
  クライアントが抱えている問題を、どうやって解決するか。
- 1-2. 家庭訪問とインタビュー 09
- 1-3. 原因対処法の必要性をさぐる 10
- 1-4. 散歩をしながら反応を観察しよう 13
- 1-5. 初日のカウンセリングから言えること 16
- Essay 1 「同じ症状でも問題行動の解決はケース・バイ・ケースで」 20

Chapter 2 正しいタイミングから信頼関係を築く 25
- 2-1. トリーツに頼りすぎない、そしてタイミングを間違えない 26
  なぜトリーツが訓練の効果を発揮しないのか。飼い主の間違った行動をチェック！
- 2-2. 褒めるタイミングを逃さない 31
  シェットランド・シープドッグのルイとバッセの場合
- 2-3. 犬に信頼される、正しい行動とタイミング 36
  ここで選手交代。ハンドラーが変われば、犬の行動も変わる。

Chapter 3 オス犬同士の闘争心 41
- 3-1. 閉鎖された空間でのオス犬のフラストレーション 42
- 3-2. 狭い空間で闘争心を収める方法 43
  挑戦の視線をかわすためにオス犬同士の困った闘争心をやりすごす！
- 3-3. 屋外での闘争心を収める 49

Chapter 4 アドバイスの糸口の見つけ方 51
- 4-1. 犬の行動を観察する 52
  アスランと問題犬ビクターの場合
- 4-2. 同居犬との関係を深く観察する 61
  アスランと2頭のシェルティの場合
- Essay 2-1 「飼い主に依存心を培わせる手法」 65
  ビクターの問題行動の解決策
- Essay 2-2 「信頼を築くにもケース・バイ・ケースで手法を変える」 66
  ビクターの場合とバッセの場合の違い

Chapter 5 軍用犬に見る、人と犬との本当の信頼関係 67
- 5-1. 命懸けだから！　究極の信頼関係の築き方 68
- 5-2. いろいろなタイプの軍用犬とハンドラーたち 70
  オヴェリックスとKさんの場合〈体いっぱいKさんが好き！と表現するオヴェリックス〉
  ジップマンとAさんの場合〈今年入隊のAさんと若犬ジップマンのフレッシュ・コンビ〉
  ヴェラとPさんの場合〈爆発物探知犬のヴェラ、犬もハンドラーも女性のペアだ！〉
  コヨーテとCさんの場合〈戦場ではベテラン犬、でも普段は明るい性格のコヨーテ〉
- 5-3. 障害を克服するための様々な訓練法 76
  この訓練は、課題を与えたときに犬が自らどれだけむずかしい障害を解決し、
  突破できる能力を持ち合わせているかの判断材料にもなる。
- 5-4. いよいよ防衛訓練へ 86
  防衛欲から攻撃欲、そして狩猟欲を引き出す、軍用犬訓練者のボディランゲージ読解力
- Essay 3 「防衛訓練のあの噛み付きは、結局狩猟欲によるもの」 94

ヴィベケ・S・リーセ（著）、藤田りか子（編）

Chapter 6 犬のマッサージと行動カウンセリング …… 95

- 6-1. 体の痛みから起こる問題行動　96
- 6-2. ボディ・ストレスを軽減するマッサージ　97
  手術後のリハビリとして通うヘンリーの場合
- 6-3. ボディ・ダメージを軽減するマッサージ　104
  スポーツドッグの定期的健診として通うフレイの場合

Chapter 7 動物病院＆獣医師が苦手な犬たちへの対処法 …… 119

- 7-1. 動物病院の中に入れない犬　120
  ジャーマン・ポインターのミックス犬、ワトソンの場合
- 7-2. 診察台でおとなしくしていられない犬　125
  ジャックラッセル、エイミーの場合
- Essay 4 「動物病院が苦手にならないようにする練習」　131
  口、耳、鼻、どこでもさわれるように、犬のメンタル・キャパシティ（許容量）を拡大

Chapter 8 環境エンリッチメントと犬のメンタル・ワーク …… 141

- 8-1. ドッグトレーニングはどうして必要なのか？　142
- 8-2. 犬が自ら考えて、答えを見つけ、行動する遊び　144
  Callenge 1. アスランの椅子乗りゲーム
  Callenge 2. アスランの椅子押しゲーム
- 8-3. 頭の体操、犬の知育オモチャを使うゲーム　149
- Essay 5 「犬への励ましが、間違った方向にいってしまうとき」　156
  来客に向かって吠える癖は、こうして出来上がる

Chapter 9 はじめてのクリッカー・トレーニングにて …… 161

- 9-1. ヴィベケのクリニックで行っている、
  クリッカー・トレーニングの「はじめて体験コース」　162
- 9-2. 簡単なファン・アクティビティを通して見える、飼い主との関係　164
  Aさんとイングリッシュ・スプリンガー・スパニエルのロニアの場合
  Bさんとロットワイラーのタイソンの場合
  Cさんとロットワイラーのバローの場合
  Dさんとゴールデン・レトリーバーのキャシーの場合
  Eさんとミニチュア・ピンシャーのフィエの場合
  Fさんとカレリアン・ベアドッグのベアの場合
- Essay 6 番外編「ギルバートのその後」　177

Body Language Lesson ボディランゲージ　深読みレッスン …… 183

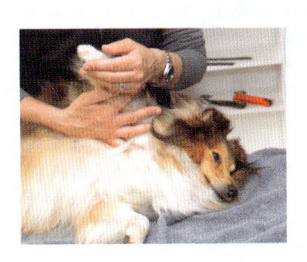

藤田りか子（著）

- Column 1. 犬に関わる仕事「問題犬コンサルタント」としての悩み　22
- Column 2-1. カイロプラクターのジェイコブ・アンデルセン獣医師に聞く　108
- Column 2-2. 背中や腰の痛みと問題行動の関係　110
- Column 2-3. 問題行動（引っ張り癖）とチョーク・チェーンと健康への弊害　114

あとがき［文：ヴィベケ・S・リーセ］　190
INDEX（索引）・用語集　189

INTRODUCTION はじめに　　　　文：藤田りか子

信頼から協調へ
犬が飼い主に信頼をよせる→そこから発展する協調の輪

　…というのがこの本のテーマでもあり、ヴィベケが主張する「しつけ論／訓練論」の中心哲学です。だからこそ問題行動を解決するときも、安易なそして大衆的な「アルファ」論に頼ってはいません。彼女にとってのアルファ論はパック・リーダーでもなんでもなく、「犬からの信頼を勝ち得る」行為にすぎないからです。その意味で、別に群れをつくって暮らしていない動物、たとえば彼女の大好きなトラと接するときも、やはりヴィベケ流「アルファ論」は生きてくるのです。

　ただし信頼というのは、相変わらず多くの犬の飼い主にとって「漠然」とした概念であるということも、非トレーナーである私は十分に承知しています。トレーナーがさらりと「信頼」と口にするとき、それは彼らに取ってはあまりにも「当たり前」の概念ですが、犬的に世界を眺めたり感じたりするのがそれほど得意ではない我々「フツーの人々」にとっては、把握のむずかしい感情でもあります。ある人は「信頼とか自信、それはあまりにも犬を擬人化しすぎる表現ではないか」とまで指摘しました。ただし、ビジネスで得るような信頼と、動物が感じる信頼は、相手を信じ込む、という意味では同じものですが、やはり性質が異なります。動物の感じる信頼は、もっと「基本的」なものであり「原始的」ですらあるのです。

　犬もある意味、馬のような草食動物メンタリティを持ち備えています。すなわち、かなりの度合いで「怖いか、怖くないか」の世界に生きています（馬は逃げる動物です。いつも危険があるかないかを読み取りながら生きているのです）。その点、日常まるで恐怖心を持たない、それどころか何もかも安全だと信じきっている我々人間と比べると、犬にはまだまだ野生の血が残されているということですね。

　その「怖い」とか「不安」を克服させてあげるのです。その「怖い」があたかも飼い主の存在によって除去されたと、犬目線でなんとか（だまし？）思い込ませるのが、上手な犬とのつきあい方だと思います。そして協調心を勝ち得るコツです。克服したときに犬が感じる「フィール・グッド感」が自信と擬人風に表現できる部分でもあります。これは犬への愛情と思いやりだけでは十分ではありません。「犬から見て怖いもの」を察する能力あるいは知識がない限り、進歩は望めないのです。この本でヴィベケは何が犬目線で見て怖いものなのか、何が犬目線で安心できるものなのか、どんな技をつかって人間のおかげで怖いものが克服できた、と犬に思い込ませるのかなど、多くのコツとヒントを与えてくれています。

　ただし、ヒントを教科書の丸覚えのように「実感」なしに使っては、やはり効果がないでしょう。まず動物が持つ独特の「怖い、怖くない」のフィーリングについて感覚的な理解がないと…。となるとヴィベケのような犬目線をもたない我々「フツーの人々」は、一度馬と接してみるといい、というのは私の提案です（都心にはたくさんの乗馬クラブがあるので、馬と接するのはそれほどむずかしくないはずです）。馬の世界に入って、まず教えられることは、「不意に馬の後ろから近づかないこと！」。馬にとって真後ろは死角です。だからいきなりやって来られると、誰が来たのか分からず恐怖反応で蹴り上げます。草食動物は追われる身です。よって、彼らの感情世界は、犬よりも遥かに「怖い vs 怖くない」に支配されているのです。そして馬を怖がらせれば、こちらの命にも関わることになります。なので、馬といると動物目線の「怖い」という感情に、こちらもより研ぎすまされるのです。

　怖い、不安を克服させ、自信を得てもらう、それを信頼に結びつける。そして協調をする間柄に至らせる。その結晶のような関係を築いているのが、この本の第5章で紹介している「軍事犬とハンドラーのペア」ではないかと思います。詳細については、ぜひこの章を読んでみてください。私が本書を制作する上で、一番乗り気ではなかった取材なのですが（軍事犬に偏見を持っていたせいです）、今や一番大好きな章となっています。いや、正直軍事基地を出るときは、感動で涙があふれたほどです。

　軍用犬のハンドラーは、ボディランゲージを見ながら、何に怖がっているのか、いつ不安に思っているのかを、ず

ばりずばりと読んでいきます。それに対して、さっと反応を見せ、犬に信頼感を与えて、最後には協調に至るのです。だからこそ、ここでは誰がボスなのか、というつまらない言い争いもありません。

時には犬もボスにならなければならないことがあります。爆発物を探知するために嗅覚を使うときや敵を聴覚で見つけるとき。そのイニシアティブはすべて犬がとります。人間はそのときに、完全に犬に頼り切るのです。第8章には、協調を作るための楽しいエクササイズの方法も示しています。環境エンリッチメントと題していますが、犬にとって協調するのは、すなわちメンタル面での刺激のひとつにもなります。それこそ、彼らは群れに生きていた動物です。人間が上手に誘導してあげれば、協調ごっこは、犬の自然に従った楽しいひと時となるのは言うまでもないでしょう。

ぜひ、この本を通して「信頼」と「自信」という不可解な、かつ抽象的なアイデアが、よりはっきりと具体的な概念に変わるよう、願ってやみません。それを感覚的に理解してつかんだときこそ、より犬とつき合いやすくなると思うのです。そうなったら、もうこっちのもの！

ヴィベケ・S・リーセ
Vibeke Sch. Reese

本シリーズ第一巻の『ドッグトレーナーに必要な「深読み・先読み」テクニック』の著者。犬のボディランゲージのセミナーはデンマークおよび日本、そして、ポーランドで好評。1964年生まれ。デンマーク・オールボー出身。北ジーランド動物行動クリニックを営む。創設当時（1996年）、デンマークでは初の、行動心理に即してコンサルティング、トレーニングを行う犬のクリニック。ドッグトレーナー教育、パピーテスト、問題犬のコンサルタント等を行う。サービスドッグ公認訓練士。カーレン・プライアー・アカデミーの公認クリッカー訓練士。

高校卒業後、オールボー動物公園にて4年間、主に大型肉食獣担当の飼育係を経て、動物行動学者ロジャー・アブランテス・動物行動学協会にて教育を受ける。

結婚後、アメリカ、スウェーデンなどに頻繁に出向き、オオカミの行動について独学。アメリカの動物学者、オペラント条件に基づいた動物訓練者で世界的に有名なボブ・ベイリーの元で、学習心理の論理習得と実践について修行。

現在、半家畜化したギンギツネを3頭飼いはじめ、犬との行動の違いを観察しているところ。

藤田りか子
Rikako Fujita

神奈川県横浜生まれ。スウェーデン農業大学野生動物管理学科修士（M'Sc）、動物・レポーター、ライター、カメラマン。学習院大学を卒業後、オレゴン州立大学野生動物学科を経て、スウェーデン農業大学野生動物学科卒業。国内外のペット・メディアに向けて、動物行動学や海外文化についての執筆を続ける。現在スウェーデンの中部ヴェルムランド地方の森で、犬、猫、馬たちと暮らす。

本シリーズ第一巻の『ドッグトレーナーに必要な「深読み・先読み」テクニック』では編集と写真を担当。その他著書には『ドッグ・パラダイス』（平凡社）、『知識ゼロからのフィンランド教育』（幻冬舎）等。

Welcome to the world of canine mind!

.... Interpreting dog's emotions through its body language

Chapter 1 問題犬のコンサルティング

BODY LANGUAGE

- クライアントが抱えている問題を、どうやって解決するか。
- ベーゼの場合

1-1 問題犬のコンサルティングを行うにあたって

クライアントが抱えている問題を、どうやって解決するか。

クリニックに来てもらい、アドバイスを与え、訓練を施すだけでは、問題犬の解決というのは到底不可能です。問題犬のカウンセリングは、実際にその犬が住む家に行って家族の人々と面会をし、インタビューをすることからはじまります。どんな環境に住んでいるのか、家族がどんな関係を犬と築いているのか、自分の目で確かめることができます。

ただクリニックに連れて来てもらうだけでは、本当の日常の姿は見えてきません。飼い主とその家族は、自分の家にいれば、リラックスしてくれます。たとえ私という来客がいて多少かしこまっていても、あちこちで普段の姿を見せてくれるものです。私には、その本来の姿（犬であれ人であれ）を知る必要があるというわけです。どんな環境でご飯が与えられるのか、子どもたちがどんな風にテレビの前で犬と過ごしているのか。すべてが問題犬の背景を知る糸口となります。

今回は、ベーゼという2歳になるオス犬について飼い主レアさんから相談を受け、家庭訪問を行いました。

ベーゼは以前の飼い主に、特に何の理由もなしに殴られ、顔を蹴られるという、悲しい子犬時代を過ごした犬です。後に警察がやってきて、動物虐待ということでその飼い主の犬たちはすべて没収されました。ベーゼはそのうちの一頭であり、レアさんに救われたわけです。

虐待によって今や彼は、世の中のなにもかもを信じようとはしません。怖くて、外におちおち出ていることもできず、何かを見ればすぐに吠えだしてしまいます。いつ痛い目に遭うかわからない。その前に自分を防衛する！それほど彼の気持ちは、ねじ曲げられてしまいました。

レアさんは、ベーゼのトラウマに由来する様々な攻撃的（防衛をしようとする）行動で、悩まされることになります。このまま暮らしていけるのだろうか。もしかして安楽死もやむを得ない。しかしそれだけはどうしても避けたい。ワラにもすがる思いで、彼女はベーゼを私のところに連れて来ました。ちなみにレアさんは、肉体的、精神的にとても強い女性です。彼女は職業軍人です。手をケガする前までは、イランにも駐屯していました。厳しい訓練の後、生死の狭間を常に意識しなければならない現地での生活。そんな彼女でも、問題犬と向き合うというのは決して容易ではないということが、皆さんお分かりになりますね。

レアさんはベーゼの問題について語りながら、「何がなんでもこの子に幸せな犬生を与えたい。そして私はベーゼを失いたくない！」と目に涙を浮かべていました。

私の考えをもうします。ベーゼは育ちがよくなかったという運の悪さもありますが、もともと何事にも非常に敏感な犬である、というのは確かです。ここまで傷つけられた彼を再生できるのか、私はコンサルタントながら答えは得られません。そこまで疑いながら、つまりいつも神経質にビクビクして生きていなければならない。そんな犬に、生きている喜びはあるのだろうか。生きるというのと、ただ存在するというのは、まったく異なることです。考えてもみてください。もしあなたがいつも誰かに襲われ、殺されるかもしれないという脅威の元に生きていたら？ 生きていて楽しいものでしょうか。人間であればノイローゼになるか、そのうち発狂をしてしまうでしょう。犬だって同様です。だから問題行動を起こしているのです。ひとときも休まる瞬間がない、かわいそうな犬！

まだベーゼのカウンセリングははじまったばかりです。なんとかベーゼが、この先落ち着いて普通の犬のように「犬」ということを受け入れ、味わい楽しみながら生きていけますように、と願わずにはいられません。

ベーゼは実に愛すべき犬です。2歳のオス（去勢済み）。日本スピッツとジャーマン・シェパードのミックスです。この通り、なんとも美しいブリンドルのコートカラーを持った彼は、なんとなくアジアに住んでいるパリア犬を思い出させます。彼の敏感さも、野犬とやや似ているかもしれません。

Chapter **1** 問題犬のコンサルティング

1-2 家庭訪問とインタビュー

このような恐がりな犬に出会うとき、私は決して自分からは彼のところにあいさつには行きません。時間を稼がせ、私が「危険ではない」存在であると納得してもらうまで待ちます。

No.1

できるなら出て行って欲しいのだけど

私が訪問してしばらくすると、彼は恐ろしがって吠えたものの、そのうち「侵入者」の存在に慣れはじめた。私が座っているところにやってきた。しかしベーゼの背は丸くなっている。耳の間は開き、目は私の視線と合うのを避けるように、別の方向を向いている。

人を怖がる犬に対しては、さわって撫でたいという衝動はぜひ押さえて、完全に無視を装うこと。たとえ、ニオイを嗅ごうとしてそばに寄って来てもである。まずは たくさんの観察する時間を与えること。

しかし怖がっていても、彼の尾が上がっているのを見ると、自分のテリトリーに対して少し強気の気持ちも見ることができる。「できるなら出て行って欲しいのだけど」。私に興味があるものの、やっぱり関わりたくはないのだ。

その後、恐る恐る近づいてきたベーゼは、テーブルの下に入って、私の手や膝をそっと噛んだ。状況によって判断すべきだが、前歯でソフトに噛んでいるというのは、犬によるあいさつのジェスチャーだ。これは猫が相手をペロペロと舐めるといったグルーミング行動から由来している。いわば「君のこと、認めてあげたよ」というフレンドリーなシグナルでもある。なので、噛まれても「甘噛みだ！」と大げさに反応しないこと。中立に保っているだけで十分だ。ベーゼは普段からも、もう一頭の同居犬（P19の写真No.3）にグルーミングをするとのことだ。

No.2

レアさんのところに行った。すると、丸い背がまっすぐになる。私のもとではやはり居心地が悪かったのである。

家に訪れると、まずはこうしてコーヒーをすすりながら、インタビューからはじめる。犬の生い立ちや引き取られた経緯、どんな問題行動を起こすのかなど詳細を聞く。

最初は、食事について質問をした。栄養不足は、問題行動におおいに貢献するからである。「彼は食事を与えても、滅多に食べたがりません。一日何も食べないこともあります」とレアさん。

次は、獣医にかかったことがあるか、という質問。もしかして体のどこかの痛みが、恐がりの反応を余計に助長している可能性がある。子犬の頃に蹴られたことで、後ろ脚をケガしているとのことだが、その痛みがどこかに残っているのでは？

そこで一緒に散歩をしてみて、その歩き方などを観察することにした。後ろ脚のステップが短く、歩き方にこわばりがある。筋肉はかなり硬くなっているようだ。もしかして腰に問題があるのかもしれない。あるいは、ストレスにさらされ、体が収縮し筋肉が硬くなってしまったのかもしれない。いずれにせよ、筋肉をほぐしてもらうために、マッサージ師のところに行くことも勧めた。

それでもまだ脚が硬いのであれば、カイロプラクターに診てもらう。ベーゼはまっすぐに立っていても体のバランスがどうも右寄りなのだ。以前の飼い主は目の前にやってくると、蹴り続けたというが、右脚で蹴られていたため？　それを避けるために、身体が覚えてしまった姿勢ともいえる。筋肉の収縮に不均衡が生じたのかもしれない。背骨にあるゆがみを発見してもらい、神経系機能を正常にしてもらう必要もある。骨格と筋肉そして神経系の知識は、やはり獣医師よりもカイロプラクターに限る（問題犬へのカイロプラクティックとマッサージの効用については第6章も参照）。

こうして可能性のある要因をひとつずつあげては、解決をして、最終的に何がストレスを造り上げているのか追跡する。コンサルタントの仕事である。吠えるというのは、症状にすぎない。だからよく言われるように、犬に好き勝手させないよう飼い主としてのリーダーシップを駆使して吠えるのを止めさせる、というのはまったく的外れの考えということになる。症状を治しても、犬の体と精神の中で悲鳴をあげているアンバランス度は解決されていないのだ。私は症状ではなく、原因から対処してゆく。

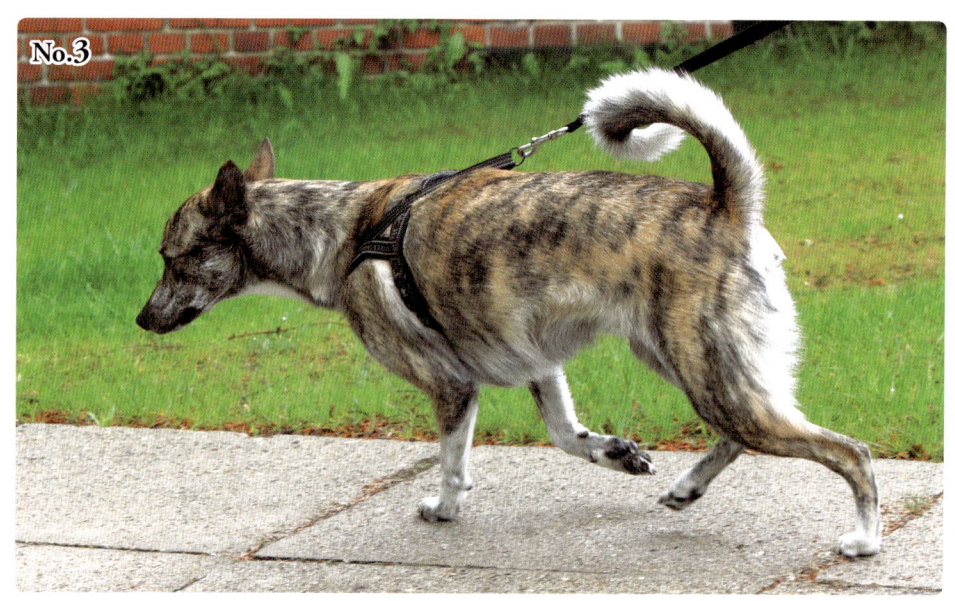

1-3　原因対処法の必要性をさぐる

以下は、飼い主であるレアさんが語った問題行動の数々です。
いずれも、症状を抑制することで治せるものではないことを、理解してください。

メンタル・キャパシティ（心の許容量）

> **レア**「彼は新しいものに対して、他の犬には見られないような過度な反応を示します。たとえば、玄関の靴の位置を変えただけでストレスに感じ、それをあげくの果てには食いちぎってしまう。あるいは、花瓶の置き場所を2m動かしただけでも、それに耐えられない。家具の置き場所を変えただけで吠えはじめ、その家具をかじりはじめたのです」。

彼のメンタル・キャパシティはほとんどゼロに近い。とにかく、新しいものを受け入れることができないのだ。だからこそ、彼の犬生はつらすぎるのである。世の中というのは、常に新しい出来事に満ちあふれている。いつもの散歩道ですら、日常出会わない人が往来を行き来し、時には今までなかった看板すら立てかけられる。

メンタル・キャパシティがないから、彼には「フィルター」というものが欠けている。私たちであれば、いちいちすべての新しい物に対して注意を向けない。自分に関係ないものは、脳の中のフィルターで濾してしまっている。だから動じないで済んでいる。ベーゼの神経質な行動や恐怖心は、フィルターの欠如にも由来するのだ。これも子犬の頃、健全に育てられなかったためである。

Chapter 1 問題犬のコンサルティング

口を使うことの意味

No.1 ストレスに満ちた目

慢性的にストレスに満ちた犬は目を見ればわかる。瞳孔が大きく見開いている。

> レア 「ベーゼが数カ月齢の子犬であった頃、私が仕事場から家に戻ってくると、彼は玄関に置いてあった靴をすべて噛みちぎっていました。びっくりして「まぁ、いったいベーゼ、何をしたの！」と言っただけ。彼はその瞬間に私を噛みました」

　ベーゼがどうして噛んだのかわからないとレアさんは答えたが、私が察するにおそらくベーゼは、彼のその悲しい生い立ちのために過度に人間の感情の動きに反応してしまうのだろう。元の飼い主のところで痛い目に遭ったように、また今回も蹴られるかもしれない！　自分を守らなければ、という防衛心が働いてしまった。レアさんは別にベーゼを叱るつもりはなかったのだが、やはり驚いた気持ちというのは体からにじみ出てしまう。その感情の動きを敏感に察知したベーゼは、脅威に感じた。

> レア 「服や手を噛もうとするときがあり、苦痛に感じます。噛むと叱るのですが、いっこうに効果がありません。このとき彼には、攻撃的な気持ちはないのはわかるのですが」。

　何かを口にするというのは、犬にとって一種の精神安定のセラピーでもある。犬の捕食行動というのは、ニオイを嗅いで、探して、襲って、そして解体して食べる、あるいは一部を巣に持ち運ぶ。捕食行動の最後の行動が、獲物を口にするという行為だ。だから、ここで行動は完結して、犬は捕食行動中につかったテンションの高さ（いい意味でのストレスである）を鎮める。

　はしゃいでテンションが上がった犬が、急に床にあったオモチャやスリッパなどを拾い、口に咥えて走り回るのを見たことがあるだろう。やり場のないテンションを、何か口に咥えることで、落ち着けようとするのだ。食べることも、ストレスから気持ちを落ち着ける方法でもある。それは人間とて同じ。だから私たちは、たとえばビジネスのクライアントなどをレストランや飲み屋に招待し、ストレスのないゆっくりとした時間を設けようとする。こうして現に原稿を書いている間、私はコーヒーをすすっている。これも一種のストレスから逃れようとする行為だ。口を使うことの精神的な影響を知るべきである。だからその必要性も、ぜひ尊重して欲しい。

カット・オフ・シグナルを活用する

> レア 「しかし来客を噛んでは困ります。皆が彼の行動に慣れているわけではないので、怖がらせてしまいます」

　この場合きつく叱ってもいっこうに効果がないのは、もう明らかだろう。彼女もさんざんトライしてきているのである。きつく叱るとベーゼは、今度は吠えはじめるのだ。彼が元から持っている恐怖心をあおるだけ。来客の場合であれば、私はカット・オフ・シグナルを訓練して、行動をいったんやめさせ、別の代替案を用意してあげる。カット・オフ・シグナルというのは「今やっているその行為をやめて、何か別のことをして！」という風に定義されるといいだろう。この場合、ボディランゲージを使って、犬の前に堂々と立ちはだかる。そして「ストップ」と言う。止めた瞬間、たくさん褒めて何か別の噛む物を与える。

　たとえばレアさんと話している間、ベーゼは外の音に反応をしてワンワンと吠えだした。私は「ストップ！」と彼に命令をした。一瞬こちらを向いて私が何を言っているのか驚いている間に、急いで「よ～し！」と明るく褒めてトリーツを与えた。彼は数回の練習後に、このカット・オフ・シグナルの意味することを学んだ。しかしこれで吠えすぎるという問題を解決したわけではない。

あくまでも一時しのぎだ。よって根本的な問題行動の解決方法と混同しないように！　もっとも、このふたつの方法は平行して使うことが望まれる。

しかし、前述したあいさつの意味で犬が軽く肌を噛んだ場合、特にベーゼのような犬に対して、カット・オフ・シグナルを出すのは不公平というものである。彼のような犬が、やっと親愛の情を見せてくれたのである。この際はカット・オフ・シグナルを出すかわりに、何か噛めるものを与えて来客者への注意をそらす。そしてできるだけ来客者に対するベーゼの印象をポジティブにするべきだ。

犬の気質プロファイルをつくる

この他にも、彼を取り巻く環境についてひとつひとつ質問をする。家族の毎日のルーティン、仕事から帰ってきてからの時間の過ごし方、散歩での反応の仕方、誰がどれだけ散歩するのか。

さらに彼の気質プロファイルもつくる。興奮のしやすさ、家の中でどれだけ休んでいるのか（あるいはウロウロしているのか）、呼吸がいつ荒くなるのか、集中力はあるのか、どんなトレーニングを行ってきたか、人へのコンタクト欲、他人に飛びつくことがあるのか、リードを噛むことがあるか、どこを散歩するのか、どれだけ散歩をするのか、リードなしでどれだけ外で時間を過ごすのか、を質問。

これらは私のカウンセリング業においては、定番の質問事項として、用紙に記入するようにしている。すべてコンピューターにデータとして記録しておくのだ。

カウンセリングの質問表

生活環境	犬の気質プロファイル
1）犬の生い立ちや引き取られた経緯は	1）興奮のしやすさ
2）どんな問題行動を起こすのか	2）家の中でどれだけ休んでいるのか（あるいはウロウロしているのか）
3）どんな環境でどのくらい食事を食べるか	3）呼吸がいつ荒くなるのか
4）獣医にかかったことがあるか	4）集中力はあるのか
5）家族の毎日のルーティン	5）どんなトレーニングを行ってきたか
6）仕事から帰ってきてからの時間の過ごし方	6）人へのコンタクト欲
7）散歩での反応の仕方	7）他人に飛びつくことがあるのか
8）誰がどれだけ散歩するのか	8）リードを噛むことがあるか
	9）どこを散歩するのか
	10）どれだけ散歩をするのか
	11）リードなしでどれだけ外で時間を過ごすのか

以上は、カウンセリングの質問の例であり、私はいつも同じ質問をしているわけではなく、状況に応じて、新しい質問を作り出す。決して、カウンセリングをマニュアル化しないこと！　問題行動解決において、大事な態度である。

Chapter 1 問題犬のコンサルティング

1-4 散歩をしながら反応を観察しよう

散歩における反応を見る

　だいたいの状況がつかめたところで、ベーゼの散歩における反応が見たかったので、共に外に出て彼の行動を観察した。これはベーゼのコンサルティングに限らず、どの問題犬に対しても行っている。

No.1

　大型トラックが、けたたましい音をたてながら通り過ぎた。するとベーゼはすでに不安になり、あくびをした。耳がピクピクと、あらゆる方向に向けられる。彼の体には緊張がみなぎり、この世のあらゆる物に対して警戒をしているという風だ。音、ニオイ、風景、すべて疑ってかからなければならない。唇と耳は後ろに引かれている。

No.2

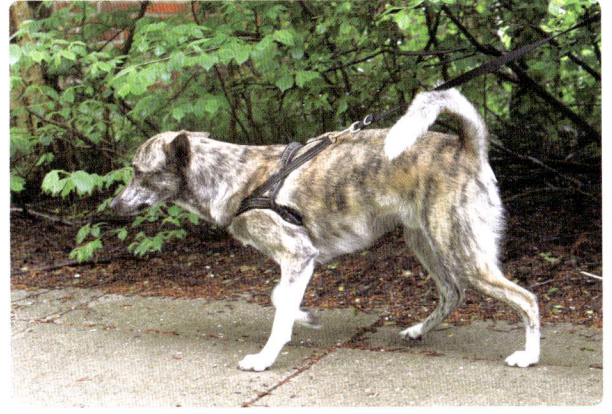

　たいていの犬は散歩に出されれば、もっと喜びに満ちた表情をするものである。しかし、ベーゼのこの恐怖に満ちた困惑した顔！絶えず、背を曲げている。こんな風にいつも怖がっていなければならない彼の精神世界については、想像を絶するものがある。

No.3

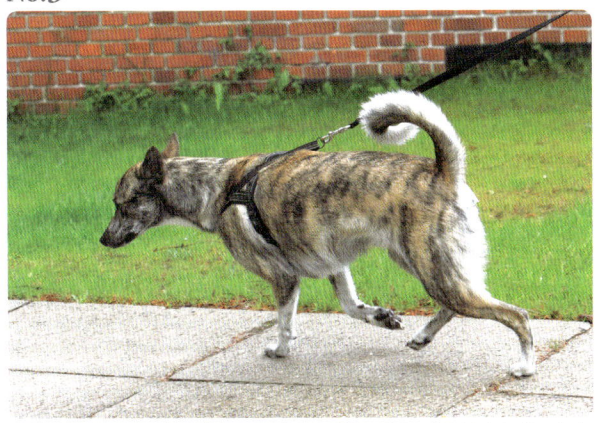

　散歩のときのベーゼは、いつもこの通り"引っ張る"という。もちろん、犬に引っ張らせて散歩をするのはよくないが、今の彼にとって散歩のマナー訓練を入れるよりも、まずは周りの環境に対してそれほど怖がらなくてもいい、という訓練の方が先決だ。私がいつもやるように、犬が引っ張ると前に出て、ボディランゲージで圧迫をかけ後ろに戻すといったトレーニングは、今回は見送り。今の彼の精神状態ではあまりにも酷すぎる。まずは一つ一つの課題をこなすのが、問題行動訓練では大事なことだ。

犬に自信を与えるには、毎日の小さな褒めるポイントを積み重ねること

No.4

　草むらのニオイを嗅いでいた彼は、頭をあげて向こうに人がやってきたのを認めた。にもかかわらず、それをちらっと見るだけで吠えなかった。ここでレアさんは、すぐさま褒めるべきだった！　自転車がそばを通ったにもかかわらず、彼は無視できた。ここでも、うっかりレアさんは、褒めるのを忘れてしまうのである。このような小さなことを毎日実行していくことが、犬に自信を植えつける。

　彼女のうっかりしている点は、犬の反応を待ってしまうところである。通りを歩くというのは、決して毎日同じではなく、新しい人、自転車、大きな車にあふれているのだ。彼が新しい物に反応してしまうことを知っているのなら、反応しない瞬間をすかさずキャッチして、褒めて、彼の気持ちをサポートしてあげること！

　もっとも今のベーゼは、普段よりおとなしく散歩をしている、というのはレアさんのコメントだ。おそらく私たちがいるために、ベーゼの中でいつもの散歩の画像というものを、今回は異なって知覚したのに違いない。レアさんとだけだったら、引っ張る、吠える、ということが彼の「義務」である。しかし今回は私がいるから、彼のいつもの画像にマッチせず、したがっていつもの「義務」を遂行するのをためらった。

Chapter 1 問題犬のコンサルティング

爪切りの練習

No.5

散歩の後、ベーゼは私の存在に慣れて、簡単なトレーニングを行うほどに打ち解けることができた。爪切りがむずかしいというので、その訓練の仕方をレアさんに見せた。すでにお手の訓練が入っているので、この技は一見なんでもないように見える。が、人を怖がっている彼にとって、ここまで気を許してくれたのだから上出来。もっとも今の彼にとって、他人を怖がらないという訓練の方が大事なのである。私とこうして関わること自体が、よい訓練である。

No.6

人間が笑うと、目が小さくなる。これは、ベーゼにとって友好的なシグナルとして受け止められる。

爪を切れるように、彼の足をそっと握っている私の左手に注目。決して、握りしめてはいけない。この状態であれば、彼は嫌であれば脚を引っ込めることができるのだ。

ただしベーゼが人を怖がるからといって、私たちがやたらに注意深くあるいはあまりにもそぉ〜っと接すると、かえって不自然に見えて警戒させてしまう。足をそっと握っているものの、決しておどおどしていない私の態度を見てほしい。

彼のような何につけても疑い深い犬には、より人間がハキハキとした優しさで交流を持つ方がよい。フニャフニャとした同情的なやさしさでは、逆効果である。もっとも荒く接すれば、すぐに怖がらせ、より距離を開けてしまうだろう。

もうひとつ気がついてほしいのは、私が壁に向けて座っている点だ。家具がまわりにあって、空間が狭く、恐がりの犬を訓練するにはあまりよい環境ではない（私が彼にとってはまったく見知らぬ人間だから）。よって彼を壁側に立たせると、より閉塞感を催させ、彼は居心地の悪さを感じるはずだ。だから私はあえて、壁に背を向けて座ったのだ。

また、犬に覆い被さらないように、背をまっすぐにして座っている点も見習って！

こうしてベーゼと一緒に時間を過ごし、家庭の中と、外に出ているときの様子、そして飼い主の犬への接し方を観察する。また日常の呼吸についてある程度フィーリングがつかめたところで、私はだいたいのトレーニング・スケジュールとアドバイスを与えることができる。

1-5 初日のカウンセリングから言えること

　レアさんがベーゼの生い立ちについてあまりにもかわいそうに思うあまりに、ある程度彼に好き勝手させて育ててしまった点が、ますます彼の問題行動を助長させている。もちろん、おすわりやフセ、マテなど基本的なしつけは十分に入っているし、彼女はかつて「日常しつけトレーニングコース」を私のクリニックで何回か受講している。犬に対する態度はとても真剣である。

　しかし、である。ベーゼのような怖がりな犬にとって、レアさんの見せる「やさしさ」というのは、犬マインド流に翻訳すると「弱い」のだ。

　ここが、人間にはちょっとわかりづらい部分かもしれない。人間であれば、自分をもっとも同情してくれる人にすぐに頼ろうとする。そして相手にルールを決めさせても、異議はない。だからレアさんは、ベーゼにとって自分は頼りがいのある人間だと信じて、彼を育ててきた。

　ところが残念なことに、ベーゼの中で人間風の同情心から見せるレアの行動が、犬語に正しく訳されていないのだ。犬マインドの持ち主として、こう考える。「**こんなフニャフニャした人に僕は頼れるわけがないだろう！それには、僕はあまりにも世界が怖くてしょうがないんだ！**」。

　彼の心の許容量（メンタル・キャパシティ）というのは、レアさんに日常の何もかもを決めてもらうにはあまりにも小さすぎる。要は、心の余裕がないから自分以外を信じることができず、結局すべて自分で世の中を定義付け、自分のルールだけで生きてしまおうとしている。この点、犬にはまだまだ「野生」が残っている。「**あの自転車は恐ろしい。きっと僕を襲うつもりで向こうからやってくる**」「**帽子をかぶっている人も恐ろしい。あの人はいつ僕を蹴飛ばすかわからない**」「**大きな音はきっと僕を殺そうとしている。敵が近づいている証拠だ**」などと、人間の目から見ると、とんでもないルールを自分で造り上げてしまっている。別に、犬が自分のルールを作ることに異議はない。しかし、この「文明」の世界に彼が人間と共存するには、このルールではあまりにも彼にとって生きるのをむずかしくしている。こんな勝手にルールを作られたら、そりゃ家の前の往来は恐ろしい世界に違いない！

　だからこそ、自分で勝手にルールを造り上げるのはやめて、時には自分以外のルールにも従った方がいいよという意味で、ベーゼにはもっとはっきりと世の中を定義づけてくれる人が必要なのだ。その方がベーゼにとっては、より「本当の同情心」として理解される。もっとも、どの犬も人間風のモラルを「犬にとっていいこと」と訳すことはできない。ここが、人と犬との協調関係を少しむずかしくしている点だろう。

> あの自転車は恐ろしい。きっと僕を襲うつもりで向こうからやってくる。帽子をかぶっている人も恐ろしい。あの人はいつ僕を蹴飛ばすかわからない。

Chapter **1** 問題犬のコンサルティング

> 人間のルールでは「往来は怖くない」。
> だから普通に振る舞って！

　この定義にベーゼが従ってくれさえすれば、怖がりの心理から見せる「吠え」の行動もなくなるというわけである。なぜなら、実際に従ってみると、本当に何も恐ろしいことは起こるはずがないのだから！　そして犬の目からすると「ほんとうだ、君のルールに従ったら、何も恐ろしいことはないということがわかったよ」というわけで、良循環。ベーゼはますますレアさんのことを信じてくれるようになり、彼女に決断を任せるようになる。

　多くの優秀なドッグトレーナー（行動カウンセラー）は、このような怖がりの犬と対処するにあたって、飼い主に「もっと普段から〈服従〉をいれなければいけませんよ」とアドバイスを与えるはずである。これに対して違和感を覚えてしまう気持ちはわかる。怖がっている犬にどうしてそんな人間勝手な「服従」などを強要できようか、と考えるからだろう。

　「服従」という言葉にはやや難があると思う。その定義についてはまた後で述べるとして、要は、日頃から人間のルールに従う習慣というか癖をつけさせろ、という意味なのだ。いったん癖がつくと、「往来のルール」についてもより従いやすくなる。そして実際に自分の目で、耳で、本当にこのルールが正しかったということを実感するはずだ。

アドバイス1. 遊びの中で、飼い主に依存する癖をつける

　怖がっている犬と付き合うにおいて、私たちは彼にとってのルール・メーカーにならなくてはならない。ちまたでは、これと同じ概念をリーダーシップとかアルファと呼んでいるかもしれない。しかし、呼び方はこの際どうでもいいと思っている。私は個人的に、これを「犬にガイダンスを与える」と表現している。

　たいていの問題行動解決は、以上のような理由で、いかに飼い主がガイダンス役として犬に認めてもらうかの訓練で成り立つ。服従訓練といっても、無理強いの訓練では、私の意味での服従ではない。飼い主の言っていることを信じていれば、たいてい楽しいことが起こる。だから従おう、という自発的な服従がほしいのである。モチベーションは楽しいからであって、罰せられるのが怖いからではない。

　レアさんに指導したのは、簡単な遊びを家の中でやってみること。また、第8章の「環境エンリッチメント」で紹介している遊び方も参考にしてほしい。この遊びの中で、マテ、スワレなどのコマンドを出しながら、「ルールに従うと楽しい！」という印象を植え付けてゆく。

No.1

オモチャを用意したら、床に置く前に、犬へ「スワレ」とコマンド（号令）を出す。床に置こうとしたときに立ち上がったら、もう一回コマンドをいれる。座り続けていたらオモチャで遊べる、と学習させる。

No.2

ちゃんと座っていたので、「いいよ！」と許可の言葉を与える。こんな風に許可の言葉も、遊びを通して覚えることができる。

■良好な関係づくり

　同じことが、ドアを開ける前や食べ物を与える前などに、いったん待たせる場合にも当てはまる。しかし、ひとつ気をつけたいのは、そのうちそれは犬と飼い主の関係に基づいた「ルール」ではなく、単なる儀式にすぎなくなってしまうことがある。ベーゼは確かにドアの前で待つこともできるし、食事を待つこともできる。しかし、これらはいつも同じ状況であり、いつも同じ行動。これでは関係を作ったとは言えない。

　それに引き換え、ドッグスポーツや遊びは毎回状況が微妙に異なる。だからこそ、これらを通して、人間のルールに従うのは「楽しい」という画像を犬の頭の中に刷り込むのはとても有効であり、それが飼い主と犬との関係作りに貢献する。私が常々、犬に散歩以外のアクティビティをさせることを勧める所以でもある。

　特にベーゼのように、虐待を受けたために人間を信じられなくなった犬にとって、飼い主との遊びは大事なセラピー訓練のひとつだ。その中で、「人間とはいかに信頼できて、頼もしい存在なのか」を感じ取り、犬に自信を植え付けてあげることができる。

■散歩中の遊び

　もうひとつ例をあげよう。散歩に出る前に、どこか林や公園の木の少し高いところ（犬が届かない位置）に、とびきりおいしいトリーツ（生肉の切れ端でもよし）をむすんでおく。その後、犬を連れてくる。きっと犬は鼻をかざして、「おや、このいいニオイのするものはどこにあるのだろう！」と探しはじめるはずだ。そこですかさず、まるで飼い主が見つけたがごとく、「ほら！ここにあったよ、私が取ってあげよう！」とトリーツを与える。すると犬は「ママは天才じゃないか。食べ物を見つけてくれたよ！」。

　このような遊びを繰り返しているうちに、いつしか「ママ」「パパ」は犬の目からすると「スーパー・ヒーロー」になる。食べ物という資源をちゃんと見つける能力があるのだ。これはいかにも犬目線なのだが、こうして人間とはいかに頼れるべき存在なのか、と信じ込ませることができる。

アドバイス2. 飼い主には、頼もしさと「気迫」が必要!

■気の持ちようはごまかせない

　しかし「アドバイス1」のそれだけでは、現在のレアとベーゼの関係作りには、まだまだ十分ではない。ここで、飼い主の犬に対するオーラとか「気」なるものも必要とされる。つまり、飼い主の精神状態もしっかりしたものでなくてはならない。これは、見せ掛けでは絶対にだめ。動物は物を言わぬだけに、はったりをかけても心理など簡単に見破る。たとえば馬で障害を飛ぶときに、「よっしゃぁ〜！」と手綱を構えていても「できるかなぁ」と0.1秒間だけでも弱気の感情が頭をよぎると、もう馬は障害を避けて、飛ぶのを拒否する。このごまかしのきかなさといったら、すごいと思う。手からそして体から出される微妙なシグナルを、すぐに察する。それだけ動物というのは、非言語コミュニケーションに優れている。

　そこでいくら「往来のルール」を守ってくれ、と犬についてこさせても、飼い主が心の中のどこかで「どうしよう、どうしよう」と不安に感じていたら、犬は簡単に見破る。「こんな、不安定な人といても、僕の安全は守れまい。やっぱり自分のルールにのっとろう」と元の彼に戻ってしまう。

Chapter 1　問題犬のコンサルティング

■苦手なものには先手を打つ

　ベーゼは帽子をかぶった人を見ると吠えだす。そこで、飼い主は「ほら、また吠えだした！」とがっかりしては、犬にオーラやエネルギーを伝播させることはできない。

　それよりも、ボディランゲージをさっさと読んで、吠える直前に「よ〜し、元気に歩こうね！」とトリーツを与える。褒めながら、明るく通り過ぎる。

　だが、はしゃいだようにしゃべりかけては、これまた繊細なベーゼをびっくりさせてしまうので、明るくても、自信に満ちた落ち着いたトーンで。メソメソしながら「かわいそうにねぇ、昔のトラウマのせいだよねぇ」などという気持ちで褒めてはだめだ。それでは余計に自分のルールを確信させてしまうことになる。

■同情は、かえって犬を苦しめる

　レアさんにはどこかそんな同情がいつもあり、彼を「怖いのなら殻の中にいてもいいから」と許し続けてきた。それがかえって、ベーゼが彼女を今ひとつ信じることができない原因を作ってきたのだ。同情するのはもっとも。しかしそれを絶対に見せないことだ。

　私の意見では、同情しすぎて、かえって相手を弱い存在に仕立て上げてしまうのは、一種の精神的虐待に等しい。肉体的虐待よりも、むしろたちが悪いものかもしれない。本人がなかなか意識できないからだ。

　犬に自分の気持ちの中にあるパワーをあげるつもりで、接する。ただしこれは独裁者のように振る舞うのとは異なる。

No.3

自分の心が穏やかなときに、犬の訓練を

　普段から多くの飼い主にもアドバイスしているのだが、もしかして会社の仕事がうまくいかなくて、おまけに旦那とは大ゲンカして…、なんて最悪の日があれば、そんなときは犬の訓練をしないことだ。気持ちが落ち込んで、犬に心からのパワーをあげることができない（ただし私の場合は、動物が側にいると救われたように気持ちが落ち着く。だから家庭で嫌なことがあって落ち込めば、動物のところにいって、エネルギーを逆に彼らからもらえる。よって、上手に接することができる）。

　結局犬だけではなく飼い主にも、問題犬の解決に取り組むだけの心の余裕、すなわちメンタル・キャパシティは必要なのである。というか、犬の良き飼い主になるためには、誰もがぜひとも必要な能力だ。

　レアさんは、実は家族との問題を抱えている。精神的に少しめいっている状態だ。だから私は、彼女自身の問題を解決しないことには、ベーゼにパワーをあげることができない、というアドバイスも行った。

> バッセ、私の存在に慣れてくれたのね。私も、気持ちにゆとりがでてきたわ。お互いに、気持ちが落ち着いたところだから、早速、あなたとのカウンセリングをはじめようか！

ベーゼ　　　ベーゼの同居犬

Essay 1　同じ症状でも問題行動の解決はケース・バイ・ケースで

フィリップ

　同じ「怖がる」という症状（多くの犬は攻撃行動をもってこの心情を表現する）を対処するにも、犬の個性と生い立ち、飼い主の個性と経験によって、状況・環境によって、トレーニング・メニューを組み立てるべきです。これは、犬に携わる職業を目指す方はぜひ心してほしいと思います。

　決して、ひとつの方法ばかりを、状況の考慮もなしに、盲目に信じて、使わないこと。「怖がる」原因は、犬それぞれだからです。

　例をあげると、これから紹介するラブラドールのフィリップの場合。彼の恐怖心とベーゼの恐怖心は、性質が多少異なります。

　ベーゼの恐怖心は虐待に基づくために激しいものであり、人間を全く信頼しないことが原因になっています。

　一方フィリップの場合、もともと楽観的な犬種なのですが、飼い主の言うことを信じていなかったにすぎません。

　だからベーゼを治すには、食べ物といった「生きる糧」を使って、人間に依存させるテクニックを考案しなければならないのです。

　一方フィリップは、私がいつも見せる方法「カット・オフ・シグナル」（P11参照）を使い、他の犬を見たら飼い主が前に進み、より犬を後ろに従わせます。そして「自分は飼い主に守られているのだ」という錯覚をさせるようなトレーニングを勧めたのです。

　というわけで、問題犬コンサルトにとって、ひとつの例として同じものはありません。それぞれのケースが微妙に異なるのです。これは同時に、経験とそれに基づいたクリエイティブな才能も求められます。

ラブラドール・レトリーバー、フィリップの場合

　フィリップは2歳の黒ラブ。彼はある日、他の犬に攻撃を受けて、それ以来、犬に出会うたびに、攻撃的な行動を見せるようになった。そこで、私は飼い主であるスベンさんにカット・オフ・シグナルを使うように指示をした。

　別の犬に出会ったとき、フィリップが少しでも「攻撃するぞ！」という兆候をボディランゲージに見せたら、「ストップ！」と言う。犬がハッとしてこちらを見た瞬間を捉えて、ご褒美を与える。そして、フィリップに背を向けて、彼の前に立ちはだかる。相手の犬に対して、フィリップのためにバリアを作る。「ここは私が対処するから。君は私に任せていいんだよ！」という態度を見せるためだ。

　フィリップが攻撃行動を見せたのは、他の犬に襲われたトラウマもあるが、そもそも彼には飼い主への信頼というものが欠けていた。なぜなら、彼の頭の世界に飼い主と何かやりとりをする、という癖がついていないからだ。すべてが自動ドアのごとく、食べ物が来て、ドアが開

Essay 1 同じ症状でもケース・バイ・ケースで

き、時には散歩にも出て行けるという具合に、世の中が動いていた。

　それが、カット・オフ・シグナルの練習をすることによって、彼の中に「人間とやりとりをする」という世界が突然広がったのだ。つまり、コミュニケーションである。

　スベンさんは、相手の犬に出会ったときだけでなく、このシグナルを習って以来、日常のあらゆる状況で使うようになった。「ストップ！」。犬が顔を見て、アイコンタクトをとる。すかさず、ご褒美！　日頃の練習のおかげで、フィリップの攻撃行動はなんとたったの3週間で治った。それどころか、フィリップはカット・オフ・シグナルを出された後、落ち着くようにもなった。

　「カット・オフ・シグナルを出して、歩き出します。今では、通り過ぎるときに相手の犬をわざと見ないように歩きます」とスベンさん。これはフィリップのカーミング・シグナルである。「僕は君のこと見たけれども、かかわりを持ちたくないよ」という意味。

　ここまでの成果をあげたのは、ひとつにはスベンさんが持つメンタル・キャパシティにある。彼は医師で、日頃から患者を相手に仕事をしている。

　職業上、様々な人々からのストレスに耐えうるだけの精神の強さと余裕を備えているのだ。だから、やり方さえ伝授すれば、彼らはそれをツールとして使いながら自分の心の中から湧き出るエネルギーと合体させて、愛犬の恐怖心を克服させてあげることができるのだ。

　飼い主から頼もしさが伝わらないと、犬は私たちが何を言ってもどんな方法を使っても、結局こちらの決定やルールについて依存をしてくれない。

　スベンさんのキャパシティのおかげで、彼はカット・オフ・シグナルを出すときも決して叫んだり大げさにアクションする必要がない。そしてできるだけ言葉に頼らず、ボディランゲージを使う。

　もうひとつは、フィリップはスベンさんからルールを設けてもらうことで、生活の仕方についての枠組みという安堵感を得た。「ああ、何もかも自分で決めなくてもいいのだ！　誰かがルールを決めてくれる、っていう世界もあったんだ。それでは、スベン父ちゃんにこの場は任せようではないか！」。それで別の犬に出会っても、スベンさんに防衛の役割を任せはじめるようになった。彼が何もかも、すべての役割を負うことはないのである。

> ああ、何もかも自分で決めなくてもいいのだ！　誰かがルールを決めてくれる、っていう世界もあったんだ。それでは、スベン父ちゃんにこの場は任せようではないか！

問題犬行動の対処は、ただ命令を理解してもらうだけではなく、犬をメンタル面で満たしてあげることも大事。フィリップの飼い主であるスベンさんは、レトリーバーが大好きな「回収をさせる遊び」も、たくさん日常に取り入れた。

Column 1

犬に関わる仕事
「問題犬コンサルタント」としての悩み

● 文：藤田りか子

　確かに犬に関係する職業に就くのは、私たち犬＆動物ファンにとっての夢である。そして、問題行動を処方できるほど、腕のあるトレーナーになれることがあれば、なおさらだ。しかし、その職業に就くことで、毎日が必ずしもバラ色に輝くとは限らない。今までに幾人かの問題行動コンサルタントに出会ったものだが、インタビューを行う度に彼らが口をそろえたように言うのは「犬の問題行動を解決するのはもちろんですけど、飼い主である人間を扱うというのも、この職業のすごく大きな部分です」。そして、その部分が結構つらいらしいのだ。

　問題行動を治すというのは、普通のトレーニングとは大いに異なる。犬が住んでいる環境やライフスタイル、家族と犬との関係をも把握した上で、何が原因になっているのか探ることからはじまる。目の前にいる犬の症状を見ただけでは、何も解決しない。

　スウェーデンのストックホルムで20年来、問題行動コンサルタントを続けてきたCさんは「時には、その飼い主のプライベート・ライフの奥まで知らなければならないことがある。けっこう、暗い部分まで聞かされます。できるなら、聞きたくなかった、というような…」。この部分では、人間のカウンセラーとほぼ同じ状況なのかもしれない。「仕事が終わったら、急いで頭を切り替える必要があります。さもないと、心理的に押しつぶされることもありますね」と。

Column 1 「問題犬コンサルタント」としての悩み

　同じくスウェーデンのヘエルシンボリー在住のRさんという、30年来のベテランのカウンセラーは、犬の問題行動セラピストとして必要な素質についてこう語った。「犬を読む能力は当然のこと。心理的にかなりタフであることが求められます。私は、昔、交通事故を起こした人々にインタビューをして統計を取る仕事をしたことがあります。つまり何を誤って、事故に至ってしまったのか、を聞く。たとえば、助手席に座っていた奥さんとのちょっとした言い争いのために、注意を失いとんでもない大きな事故に巻き込まれてしまったなど。多くの悲しいストーリーがその裏にあります。私は心理的に強いのでこの仕事を続けることができましたが、同僚の女の子たちの中には、話を聞くのがつらすぎて止めてしまった人が何人かいます」。

　そしてヴィベケは「この仕事、ほとんどソーシャル・ワーカーみたいなものです」と表現した。「犬の仕事をやっているのかな、と私自身時々疑うこともあります（笑）」。
　彼女が、飼い主との信頼関係のなさが元で起こる、恐怖心からくる攻撃行動を持つある犬をコンサルトしたときのこと。「最初のコンサルティングはいつも、家庭訪問からはじまります。そして、その家族が普段過ごしている状態をまず見てみました。すると、まぁ、もっともです！　まず、子どもに対しても、何も枠を設けておらず、一日の中にルーティン（規則的に繰り返される習慣）というものがまるで欠けていました。家の中が、すでに混沌とした状態だったのですね。お母さん自体も、心理的にすごくグラグラで不安定。子どもも、指導をしてくれる断固とした親がおらず、やはりグラグラ。というか、手がつけようのない感じ。これでは犬が、誰も信頼できない状態になるのは当たり前です。まずは、この家族の生活習慣と態度から改めないと、というのがまず私の最初のストラテジーでした」。

Column 1 「問題犬コンサルタント」としての悩み

　朝起きてから、就寝するまで何をすべきか。親として子どもに何を要求すべきか。一日のスケジュールをはっきりさせ、それをルーティン化させるように指導をした。8時から9時までこれこれをする。仕事が終わったら、これとあれを何時までに行う、などなど。

　そして3ヵ月後…。「子どもが、生き生きしているのがわかりました。お母さんも、ルーティン化とルールという枠組みに慣れてきて、その安定さからくる"心の拠り所"というものを理解しはじめました。規則正しい生活の大事さを皆がわかりはじめたんです。この状態に至ってはじめて、私は今度は問題行動をもつ彼らの犬の処方に取り掛かりました。この基礎がないと、いくら犬をしつけてもトレーニングしても無駄。犬は何と言っても、家族に属して生きているんです」。

　家族の気持ちの安定さが、犬に影響するだけではない。家庭の中がルーティン化すれば、犬の生活自体もルーティン化する。すると犬はより次の行動を「予想」しやすくなり、より気持ちを落ち着けることができる。

　攻撃として表れる犬の行動は、症状にすぎない。吠える犬に電気ショックで静まらせても、根本的な問題は解決していない。犬の恐怖は、未解決のまま心に残っている。その症状には必ず何か原因がある。それを見極める洞察力と人間に対する観察力が、問題行動コンサルタントとして大事な能力でもありそうだ。知識と経験もさることながら、やはり生まれ持った才能も必要だろう。

　「そして、忍耐です！　犬に対してではなく、むしろ人間に対してですね。いや、世の中には、本当にいろんな人がいるもんです。でも、おかげで毎回のコンサルティングが同じということはない。いつも、何かを学ことができる。それは自分について学ぶことでもあるんですよ」。ということは、飽くなき好奇心と向学心も忘れてはならないということ。「自分こそ、この世界のオーソリティーでありトップであると感じはじめる。他の人の意見を排除しはじめたりする。こうなると、コンサルタントとしてのキャリアは終わりです」ともヴィベケは付け足した。大事な態度であると思う。

BODY LANGUAGE

Chapter 2 正しいタイミングから
信頼関係を築く

■ なぜトリーツが訓練の効果を発揮しないのか。
　飼い主の間違った行動をチェック！

■ シェットランド・シープドッグの
　ルイとバッセの場合

BODY LANGUAGE
正しいタイミングから信頼関係を築く

2-1 トリーツに頼りすぎない、そしてタイミングを間違えない

バッセ　リッケ　サリー

**なぜトリーツが訓練の効果を発揮しないのか。
飼い主の間違った行動をチェック！**

　イーブンさんは、バッセが他の犬を見るたびに、興奮して飛び掛ろうとするので、彼を連れて歩く彼女は、心のどこかでたえずヒヤヒヤしています。おまけに彼女は慢性の腰痛持ち。なので、余計に引っ張られるのを恐れている状態です。ここに示すのは、飼い主が神経質になっていると、それがどんな風に犬の接し方に影響してしまうか、犬だけでなく飼い主の振る舞いについて説明をします。

　バッセは、実はわがまま放題に育った犬ではなく、イーブンさんが子犬教室に通わせ、たくさんの社会化訓練を受けた犬です。その中で様々な犬と交流を持ち、それなりの犬の世界のマナー訓練を積みました。

　子犬時代にこれだけ訓練をさせたのだから、もういいだろうと、うっかりイーブンさんはバッセが青春期に入ったときに手を抜いてしまいました。というか、もうこれで社会化訓練は十分だと思ったのです。そして、前ほど多くの犬に会わせなくなりました。

　と、問題が起きたわけです。思春期のオス犬が、他の犬にあまり会わずに育ってしまうと、どんなことが起こるでしょう？　オス犬としてのホルモンが活発に出され、何かと競合したい歳です。そんな犬が突然、他の犬に出会えば？

　このことで、すっかりイーブンさんは自分の犬に対する自信を喪失してしまいました。イーブンさんはバッセの行動を信用することができず、トリーツを使って一時しのぎをするものの、たえずおどおどするようになってしまいました。心配になればなるほど、トリーツを犬に与えてしまう。もちろん心配しているフィーリングは犬に伝わります。これが悪循環を招いたわけです。

　イーブンさんの犯す過ちは、多くの飼い主に見られます。子犬時代に社会化訓練をしたからって、その後も決して手を抜いてはいけません。青春期の社会化訓練も同様に大事なものです。そして社会化訓練とは、結局は犬の生涯を通して行われるべきものであるということです。

No.1

イーブンさん

ちぇっ！

バッセ

　ボーダー・コリーのリッケと乱暴に遊んでいるところを飼い主のイーブンさんに呼び戻しをされた。バッセの「ちぇっ！」というようなこの表情。自分をなだめるために、舌を出している。さきほどまで自由に放され、嬉々としていたバッセの尾は、一瞬すっとこのように落ちた。

Chapter **2** 正しいタイミングから信頼関係を築く

No.2

あぁ、うざったいリード！
機会があれば、イーブンごと引っ張ってまた飛び出してやるぜ！ そしてリッケ嬢のところへちょっかい出しに行くんだ！

しかし、ここがローデシアンの性格の強さがよくわかるシーン。バッセは普段からどちらかというと、イーブンさんを牛耳っている（イーブンさんはこの犬が何かをしでかすのではないかと、心理的に常に不安なのだ。それを犬は当然感じとっている）。なので、協調しようという気持ちがあまりない。

すでにこの引っ張っている動作から「ああ、うざったいリード！機会があれば、イーブンごと引っ張ってまた飛び出してやるぜ！そしてリッケ嬢のところへちょっかい出しに行くんだ！」という感情が伺える。イーブンさんと協調をするという態度が、まるで見当たらない（彼はイーブンさんに、かつてそのような行儀の悪さを何度か見せたことがある）。

No.3

イーブンさん

バッセ

リッケ

リッケの飼い主はフセを命じた。リッケは将来のアジリティ競技犬の予備軍であり、普段からよく訓練されている。だからこのようなコマンドが出ることによって、かえって安心感を感じるようだ。体全体がリラックスしているのがわかる。

それから、飼い主ふたりの姿勢に注目してほしい。犬に対して身をかがめず、直立に立っている。この方が犬はリラックスしやすい。人の体が上から覆いかぶさる感覚に、犬は抵抗を感じるものである。

No.4

読み間違いやすいボディランゲージ

片やバッセ。耳が後ろに引かれているから、さぞかし謙虚な気持ちで飼い主の横に座っているかと思われるだろう。しかし、短い口元を見てほしい。ボーダー・コリーのリッケに近づきたい気持ちでいっぱい。リードで行動を規制されているから、耳を後ろに引いているだけである。機会があれば、すぐにでも飛び出す用意である！

トリーツの過剰で犬が学ぶこととは？

イーブンさんはほとんど数秒ごとに、バッセにトリーツを与えている（写真No.5-8参照）。これは彼女がオロオロしていることの表れでもあり、こんな方法でトリーツをもらっては、犬は何も学ぶことがない。

飛び出したいという誘惑が目の前にあるむずかしい状況で、犬が飛び出さずにその場におとなしくいるのだから、ご褒美でたくさん褒めることも必要だ。それは私が日ごろから飼い主に説いていることである。しかし、ある程度訓練を仕込んだら、飼い主はトリーツと次のトリーツの間隔を徐々に開けていく訓練も行わなければならない（次第にトリーツの頻度を少なくする）。トリーツの到来の頻度が不規則になると、かえって犬は飼い主が望んでいる行動をもっと見せるようになる。

それに、今やバッセは6歳。とっくに子犬の頃の「マナーを学んでね！時代」を通り越している。いい行動を見せるたびに頻繁にトリーツを与えるのは、モチベーションを高めるための学習がなされている期間であればよし。こんな風にいつまでもトリーツ漬けにしていると、犬は結局、何も学ばないものだ。ここでバッセが学習していることは、飼い主の側にゆけばトリーツがいっぱいもらえる、ということのみ。状況に対しておとなしく振舞っているからご褒美をもらえた、とは連想していない。

よって相変わらずバッセはリッケに興味を持つし、あまり飼い主に対してコンタクトの気持ちを見せていないのである。結果？トリーツをのべつ幕なしに与え、気持ちをそらすという行動が"飼い主"に強化されてしまった。

実はこのミステイクは多くの飼い主が行っていることである。トリーツはいいけれど、愛犬をトリーツ漬けにしてしまい、トリーツの本当の効果が失われてしまっているのだ。だからこそ、「トリーツでは本当に犬を訓練することができない」と批判する人がいるのだろう。それは、飼い主が間違ってトリーツを使うからであり、要は正しくトリーツが使われさえしていたら、これほど有効な方法はないはずである。

No.5　No.6 　No.7 　No.8

Chapter 2　正しいタイミングから信頼関係を築く

ここで決して叱ってはいけない

　さて、私はリッケの飼い主に、リードを外してバッセの側を通り過ぎるよう指示をした。面白いことに、今までリッケはあんなに飼い主にぴったりくっついて歩いていたのに、ここでは飼い主から少し距離をあけて歩いている。

　ここで犬を「もっと私の側に来なさい！」と叱ってはいけない。写真の右はじにバッセの脚が見える。リッケはバッセとの先ほどの一件で、彼を避けようとしている。犬のこの気持ちを飼い主はすぐに察して、ツケのポジションでなくても、その行動を許容してあげること！　リッケが危険を避けようとしている気持ちは、尾がほとんど脚の間に入り、頭を低くしていることからも理解できる。それでも健気に、リッケはちゃんと飼い主の後をついて行こうとしている。これはぜひ褒めてあげるべき。

No.9

No.10

転移行動の表れを理解しよう

　通り過ぎた後、リッケはほっとして急いで地面を嗅ぎはじめる。これは転位行動。カーミング・シグナルではない（P189の用語集を参照）。

　ここでも犬にツケのポジションを要求しないように。飼い主はリッケの必要を理解して、地面をかぐ行為を許容している。飼い主として満点の行為！

No.11

サリー

さて、リッケの姉妹犬、サリーがやってきた！

No.12

バッセ

バッセは姉妹犬が楽しそうに遊ぶ光景に耐えることができなくなり、リードを引っ張る。

トリーツを与えるタイミングの過ちは？

　そしてイーブンさんはまたもや、飼い主としての典型的な間違いを犯す。犬の気持ちを逸らそうと、すぐさまにトリーツを与えるのだ。
　私が彼女に教えたのは、気を逸らすためにトリーツを与えることではない。トリーツを与えろと言ったのは、犬が瞬時にでも飼い主に気持ちを向けたからである。ただし子犬を訓練しているときは、望ましい行動すべてにトリーツを与えてもいいと思う。許容量のない子犬のこと、それは学習の上でのモチベーションを高めるからだ。

No.13

■ 焦らず、自分と犬を信じて、トリーツの回数を減らしていく

　この訓練を成犬に施す場合、訓練が進むにつれ、こちらの要求を徐々に押し付けるべき。毎回トリーツを与えなくても、彼らのモチベーションは高く保たれているはずだ。大人犬はその点、心理的に強い。トリーツを与える代わりに、犬に「よし！」「いい子だね！」などと明るく褒める。そして10秒後にトリーツ。その後、徐々にトリーツを与えるまでの時間を延ばしてゆく。
　ただし、言うはやすく行うは難し。心理的にどうしても焦って、ついトリーツの過剰となってしまう。飼い主は、自分の犬に対する能力をもっと信じるべきだろう。「こうしなきゃ、犬が私を信じてくれない！」という切迫感が、トリーツの過剰につながってしまう。その意味で、飼い主はプロのトレーナーに自分の行為をもっと客観的に判断してもらい、自信を保つことが大事だ。

2-2 褒めるタイミングを逃さない

シェットランド・シープドッグのルイとバッセの場合

　飼い主が心配過剰であり、そしてそこからくる自信欠落のために、褒めるタイミングまで逃しているシーンをここに紹介します。

　同時にもうひとつ皆さんに見てもらいたいのは、ローデシアン・リッジバックのバッセとシェットランド・シープドッグのルイが、互いにどうやって知らない犬同士の対面を対処しているか、ということ。バッセは一見、まるで飼い主のイーブンさんとコンタクトが取れていない不服従な犬に見えます。しかし前述したように、これはイーブンさんの自信欠落が大きな原因であり、実はバッセはそれほどやんちゃな犬ではありません。

　一方、ルイは非常に飼い主に服従的です。しかし、実は服従的なだけではなく、これが彼流の「知らない犬との対面をやり過ごす」方法として身につけた行動です。こうして飼い主と強烈なコンタクトを取ることで、周りを無視して恐怖を払拭しようとしています。

　いずれの犬についても、他犬と出会うことにあまり心地よさを感じていません。しかしその対処法が異なるという点にも注意して、ボディランゲージを見比べてみてください。

No.1

次にバッセが対面するのは、シェトランド・シープドッグのオス犬、ルイ。彼は、デンマークにおけるアジリティ・チャンピオン犬。

No.2

バッセは、すでにルイに集中しているのがわかる。しかし、今度こそ！と、このイーブンさんの断固とした態度が読み取れるだろうか。

No.3

だからバッセはその雰囲気を読み取り、すかさずイーブンさんの意図に従い、すぐに視線をはずし、素直に歩きはじめた。頭は下がり、耳は後ろへ引かれている。尾も落ちている。

No.4

■ ここでバッセが学んだことは？

イーブンさんは、またもやこうしてトリーツを与え続ける。彼女の意図としては、他の犬がいるにもかかわらずバッセがきちんと従って歩いてくれることへの報酬なのだが、あまりにも立て続けにそして毎回トリーツ攻勢を行うので、果たしてバッセはこのトリーツの意味を本当に理解しているか疑わしいところだ。

バッセが学んでいるのは、

1. イーブンさんの側にいると、トリーツがもらえる。
2. トリーツをもらえる場合、たいてい自分のまわりに他の犬がいる。

ということである。

同じような現象は、たとえば呼び戻し訓練を間違って受けた犬にも見られる。飼い主は他の犬がいることを恐れて、すぐに犬を呼び戻そうとする。このコマンドが出るたびに、犬は次第に、「あ、まわりに犬がいるんだ！」と学習をする。すると余計にテンションを上げさせてしまう結果に陥ってしまう。

Chapter **2** 正しいタイミングから信頼関係を築く

No.5

相手は一体どんな
やつなんだろう！

　案の定である。トリーツをもらうやいなや、すぐに相手の犬に集中しはじめてしまった。「トリーツ＝他の犬の存在」という公式が出来上がってしまったために、かえってトリーツが飼い主への注意をそらしてしまっているのだ。そして「相手は一体どんなやつなんだろう！」とバッセの気持ちは、すっかり盛り上がってしまっている。

No.6

犬とコンタクトが
取れていることに注目

　このときのイーブンさんは、バッセと、本当のコンタクトを得ることができた。トリーツにつられてのコンタクトではないのは、彼のボディランゲージに見て取れる。耳が後ろに下がり、口角が伸びている。
　ただし、気をつけなければならないのは、彼女の手の置き方。両手をこのように合わせる、というのはトリーツを出そうとする寸前の「飼い主のボディランゲージ」であったりする。この行動を無意識に見せることで、犬はトリーツを連想して「擬似」のコンタクト行動を学習してしまう。
　犬が本当にコンタクトを取ったときだけ、褒めるようにすること！

No.7

ライラさん

ルイ

信頼があれば、犬は
コンタクトから安心感を得る

　さすが、アジリティ・チャンピオン犬！　飼い主であるライラさんにぴったりとアイコンタクトを送り続ける。この行動は長年、共にスポーツを訓練してきた成果でもあるが、ルイが単に「お利口さん」に服従をしているという態度からではない。向こうにバッセがいるのをすでに知っており、こうしてアイコンタクトをとることで、飼い主から心の支えを得られ安心できる、というのを訓練を通して学んでいるからだ。

褒めるタイミングはここ！

No.8

No.9

　ここでふたりの飼い主に、距離をうんとあけて向き合うように指示をした。こうすることで、犬のボディランゲージそして犬と飼い主の関係がよく読めるからだ。

　バッセは、ここではとても「お利口」さんに振る舞いはじめた。座り、アイコンタクトをとり（写真No.8）、そしてあくびをした（写真No.9）。このボディ・シグナルから、バッセにはもう相手に飛び掛る意思がないのがわかるはずだ。

　バッセはこんな風に、確かにそこ、ここで飼い主の意図に従って、いい態度と行動を見せているのだが、どうも飼い主の方が自分を信じようともせず、また犬をも信じていない。代わりに「私はバッセを完全にコントロールできていない！」と自分を責め続けている。この先入観のために、バッセのよい行動を見逃してしまうこともしばしばだし、結局褒める機会を逸してしまっている。

Chapter 2 正しいタイミングから信頼関係を築く

この行動から犬の信頼を失ってしまう

No.10

　そしてせっかくのバッセの良い行いにもかかわらず、こうしてバッセの前に出て、シェルティのルイへの直視をさえぎろうとしている（バッセはこの時点でリラックスして、カーミング・シグナルまで出している（写真No.9）。つまりルイへ飛び掛る意思はまったくないのだ。にもかかわらず！）。こうして、イーブンさんはますます犬からの信頼を失ってしまうことに。

　犬の前に出て相手犬への注意をさえぎるというのは、私が以前の訓練で彼女に指導したことなのだが、これを＜ひとつ覚え＞してしまい過剰に使いすぎるようだ。まさに彼女がトリーツに頼りすぎるのと同じ現象が起きている。

2-3 犬に信頼される、正しい行動とタイミング

バッセ　ルイ

ここで選手交代。
ハンドラーが変われば、犬の行動も変わる。

　犬の行動が、引き手によってどれだけ変わるかを観察してみましょう。私の確固とした態度に、バッセはむしろ安心感を得て、自分で防衛をする態度を少し緩めはじめます。

　それだけでなく、トレーナーとして大事なレッスンがここにはあります。飼い主であるイーブンさんはすっかり自信を失くして、バッセのリードを握る手まで震わせていました。このときに、「あなたに自信がないから、バッセが言うことを聞かないんだ！」などと飼い主を責めてはいけないということ！

　責めるのは簡単です。が、さらにイーブンさんの自信をくじくことになるでしょう。それよりも、私たちトレーナーはなんとか助けてあげよう、というもっと温かい気持ちを持って飼い主に接するべきです。すでにパニック状態であるイーブンさんに口でつべこべ論理をまくしたてるかわりに、私は静かに彼女からバッセのリードを取りました。そして、こうすればいいんだよ、と行動で彼女に示しました。

No.1

イーブンさんの不安はすでにピークに達していた！　手が震えていた。なので、選手交代。私がバッセのハンドラーになることにした。

バッセは独立心の強い犬だから、ぜひともしっかりとした飼い主からのガイダンスが必要。「いい」ときにはぜひ「いい」と言ってもらわないと！　せっかくこんなにたくさんのカーミング・シグナルを出してくれているのだ。このままイーブンさんに任せてはいけない。

No.2

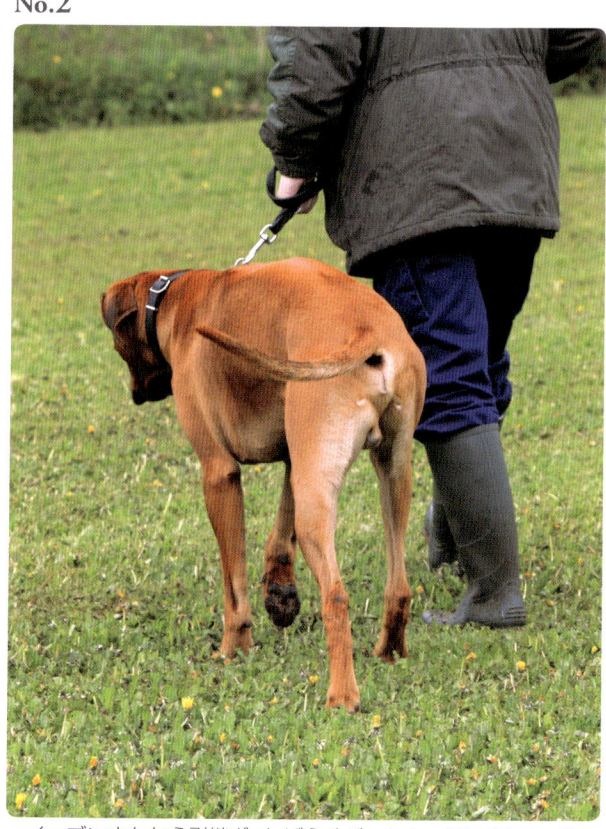

イーブンさんから引継ぎ、しばらくバッセと一緒に歩いた。私はイーブンさんみたいな心配を持たないから、おどおどした態度は一切見せない。それがバッセにすぐに伝わった。なんとバッセはまったくルイへ視線を向けずに、まるで彼がいないかのごとく振る舞いはじめた。

イーブンさんが引いているときの写真（P31の写真No.2）と比較してほしい。バッセのボディランゲージにどれほどの差があるか！　バッセは私といると、うんと落ちついている。

Chapter **2** 正しいタイミングから信頼関係を築く

No.3

名前を呼びながら方向転換を促す

　バッセに対しては強気で接しなければならないが、しかしそれは飼い主が手荒い行動を見せることとは違う。

　このように方向転換をしてバッセがすぐについてこなかった場合、思いっきり引っ張るのではなく、彼の名前を呼んでこちらへおびき寄せる。そしてすかさず褒める。

　このような小さな小さなやり取りが、とても大事だ。これが犬からの大きな信頼につながってゆく。

No.4

　バッセは私とコンタクトをちゃんと取っている。アイコンタクトをとることが、必ずしも犬のコンタクトとは限らない。バッセの耳を見てほしい。顔の表情、尾、体を見ても、集中しているのは明らかだ。私に対して彼は注意を向けている。だから、私はこのボディランゲージを見て、すかさず褒めた。

No.5

「この行動をしたらいいの？」

No.6

「あれ、こっちの方がいいのかな？」

ルイは飼い主への視線を釘付けにしたままだが、もちろんバッセを無視しているのではない。彼が向こうにいるのはわかっている。だからこそ、余計に飼い主に注意を向けようとする。そのはやった気持ちがこれらのふたつの写真に表れる。尾を上げたり、下げたり。「この行動をしたらいいの？ あれ、こっちの方がいいのかな？」とさかんに飼い主の意向を気にしている。

No.7

■この表情を見逃してはいけない！

一度うまくコンタクトが取れたからといって、それが人間のように恒常的に保つものではないことを、飼い主はたえず念頭に入れておかなければならない。バッセは次の瞬間にはまたテンションを上げ、ルイの方を直視しはじめる。この顔の表情でわかるだろうか。

Chapter 2 正しいタイミングから信頼関係を築く

No.8

このシグナルを見逃さず、すかさず私はバッセの前に歩み出た。彼の直視状態をさえぎり、テンションを急いで落とそうとしているのだ。

No.9

彼の好き勝手にさせたくない、ルイに注意を向けたらいけないという私の要求を、バッセはすっかり理解したようだ。ちょっとでもルイを感じてテンションを上げるたびに、私がすかさずさえぎるから、彼はうまく学習してくれた。いまやバッセはこんなに近づいているのに、ルイにお尻を向けてそ知らぬ振りをはじめた。

確かにバッセの飼い主であるイーブンさんも同じことをしたのだが、違いは私とイーブンさんの態度。私は堂々としていたけれど、イーブンさんは堂々と振る舞おうとしても、実際心の中では心配でたまらない。そのため、彼女の要求が心からのパフォーマンスとして犬に伝わらなかった。それからタイミング。時にイーブンさんは間違った状況でさえぎろうともした（P35の写真No.10を参照）。

No.10

バッセは、ルイに背を向けた
まま伸びまではじめた！

No.11

再びルイの周りを行ったり来たりして、最後はルイの方向に顔を向けながらも、
わざと視線をはずすまでに至った。私がハンドリングする限り、彼はルイに気を
とめてはいけない、と完全に学習したようだ。

BODY LANGUAGE

Chapter 3

オス犬同士の闘争心

■ 挑発の視線をかわすためにオス犬同士の
困った闘争心をやりすごす！

BODY LANGUAGE
オス犬同士の闘争心

3-1 閉鎖された空間でのオス犬のフラストレーション

　たとえどんなに社会化訓練を受けてきた犬でも、逃げる場所がない狭い空間（たとえば室内）でオス同士が出会えば、双方ともどうも黙ってはいられないようです。

　これはもっとも犬種や個体にもよるでしょう。レトリーバー、スパニエルといた鳥猟犬やパックで狩猟をするハウンド犬は、オス同士が会ってもいざこざを起こさずになんとかやりすごせる確率がより高いのです。

　それは、犬種が作成された歴史的背景によります。彼らは狩猟のときに、他の犬たちと一緒に働いてきました。そこで変な縄張り意識を持って、相手といちいちケンカをしていたら仕事になりません。そんな個体は狩猟犬をつくるという人工選択のなかで、人間が淘汰してきたはずです。

　一方で、そんな選択圧がなかった犬たち、あるいはもともと血気に満ちた犬、見張り欲が強い、防衛力が強い犬種がいます。たとえば牧羊犬（シェパードなど）、テリア、牧畜番犬たちは、オス同士が出会ったときに、どうしてもライバル意識をむき出しにしてしまうことがあります。特に犬が飼い主をあまり頼りにしていない場合は、その効果が倍増！　そんなとき彼らは、ボディランゲージですでに遠くから相手のオス犬に語りはじめています。「おい、おまえさん、俺に挑戦してみろよ！」。あえて言いがかりをつけようとするのですね。困ったものです！　そして飼い主が気がづく頃には、時すでに遅し！　突然、相手に襲いかかるというような行為にでるものです。

　もっとも実は突然ではなく、すでにオス同士はバチバチと視線を合わせて、士気を高めていました。そのボディランゲージに飼い主はいち早く気がついて、対処しなければならなかったのですが！

　そんな状態が明らかになるのは、ドッグカフェのような閉じ込められた空間に入って、そこで他のオス犬に対面してしまうときなどが典型でしょう。

Chapter 3 オス犬同士の闘争心

3-2 狭い空間で闘争心を収める方法

ベッセ　アスラン

挑発の視線をかわすためにオス犬同士の困った闘争心をやりすごす！

　久しぶりにクリニックに遊びに来てくれた友人のイブさんが、とてつもなく大きなジャーマン・シェパードのオス犬（8歳）、ベッセを連れてきました。このとき、室内に私のホワイト・シェパードのオス犬、アスランがすでに待機していました。

　さてその後どうやって私たちは、オスのフェロモンとボディランゲージをムンムンにさせた2頭を、ケンカに至らせず平和に対処したか、それを3-2（P43-48）で以下に示しています。

　それから3-3（P49-50）では、果たして「このオス同士を実際にリードなしで遊ばせることができるのか」それを判断するために、どんなボディランゲージを見るべきか、についても述べています。

No.1

ベッセ

　クリニックに入る前に私はあらかじめ、果たしてアスランに対面するベッセの行動をイブさんが上手く扱えるのかどうか彼女と話し合った。その結果、彼女は自信がないということで、私がベッセのリードを握った。

　というわけで、部屋の中でイブさんはアスランのリードを持って待機。そして私は外からベッセを連れて来た。

　ここでベッセに、お行儀よく振る舞ってもらうために、いきなりオビディエンス（ツケなど）を強要することはなかった。この写真を見るとおり、ベッセはさっそく床のニオイを嗅ぎはじめる。ここは彼にとっては新しい環境。なんでも調査しなければならない。だからニオイを嗅がせてあげて当然だ。

　ここでベッセのオス犬としての「好戦度」を、すでにそのボディランゲージにて判断することができる。彼の尾は下がったままだ（向こうにアスランが見えるにもかかわらず）。もし、もっと挑戦的なオスであれば、ここで尾が上がっていただろう。尾が上がるというのは、必ずしも攻撃的な気持ちを示すのではなく、他のオスの存在によって気持ちが喚起されるために起こりうる。しかしベッセはとても落ち着いているようだ。

No.2

イブさん
アスラン

アスランは相手を挑発させないよう背を向けて、イブさんと一緒にいる。後ろにベッセと私がいるのを意識しているのは、彼の片方の耳を見れば明らか！　耳で観察をしている。

アスランは若い頃、黒い犬に攻撃されたことが数回あって、それ以来黒い犬に出会うたびに過剰に反応して、防衛しようと吠えはじめることがある。ジャーマン・シェパードの黒いマスクは、おそらく彼に黒い犬を思い出させてしまうので、アスランが黒い犬を見ても何も反応しないたびに、私はクリッカーを鳴らしトリーツを与えた。こうして黒い犬に対しての思い出を書き換えてもらわねば（黒いマスクの犬→トリーツをもらえる機会）。

ちなみに、この危機的な状態で犬のハンドリングをうまく変換させることができたのは、私とアスランの関係があったからこそ。アスランは私のことを心から頼りにしている。だからたとえ私がベッセを引いていても、それは私の決断であり、彼はその決断に完全な信頼をおいてくれている。

それからここでお気づきかもしれないが、両犬ともハーネスをつけていることに注目してほしい。首輪ではない。もしかして、両犬が互いに飛びつきあうかもしれない。そのとき制止しようとした場合、首輪であれば思い切り首を絞めかねない。何しろ、大きなオス犬である。

首を絞めるのは、犬の首の神経にダメージを与えてしまうことになる。リードを引っ張ることで首輪が及ぼす首への負担についてはコラム（P110）を参考にしてほしい。

No.3

ベッセ

ベッセはいったん床から鼻を離して、向こうのアスランを見る。その表情はいたってリラックスしている。

Chapter **3** オス犬同士の闘争心

No.4

> おい、ちょっと待った、あいつを見据えてやろうじゃないか。

しかし、次の瞬間。彼の頭がスッと下がる。あれ！　彼はアスランに今や神経を集中させはじめたではないか。危ない危ない。頭をふいに下げるボディランゲージには、ぜひとも気がついてほしい。これは「おい、ちょっと待った、あいつを見据えてやろうじゃないか」という気持ちがベッセの心に瞬時にして芽生えた証拠だ。いち早くキャッチして、対処するのが平和的に犬同士を同室内に居合わせるコツ。

私はすぐに、ベッセの前に立ちはだかり、視線をさえぎった。人間にはこの瞬時の犬の感情の変化は、理解しがたいだろう。一見、平和そうだと思った瞬間、次に何を感じるかわからない、というのが動物マインドの常。人間であれば、その状態をキープしておくことができるので（理性で考えられるから）、このような突如とした感情の変化は存在しない。

No.5

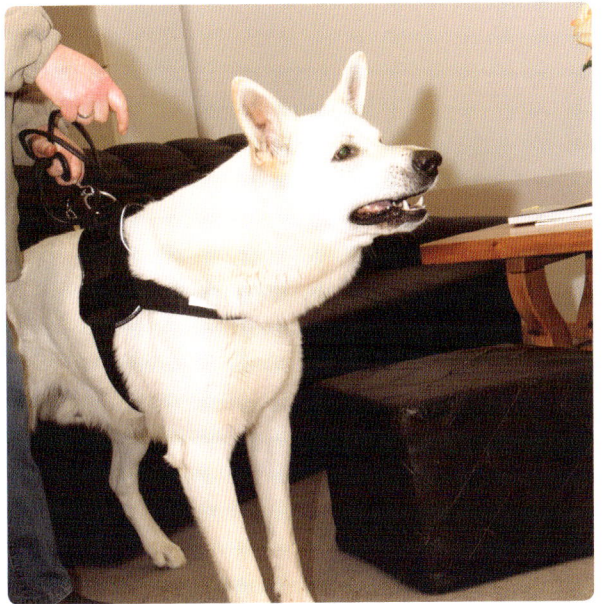

ベッセの突然の動きに案の定、アスランは反応してしまうことに。私がベッセの視線をさえぎっていたので、アスランも挑戦を受けたための反応ではないと思われる。

おそらく彼は、ベッセが私に何かしたのではないか、と防衛の気持ちで吠えたのかもしれない。その証拠に、彼の目の表情にそれほどシャープさは見られない。耳と耳の間は開いているし、目はアーモンド状。口角も後ろに引かれている。

No.6

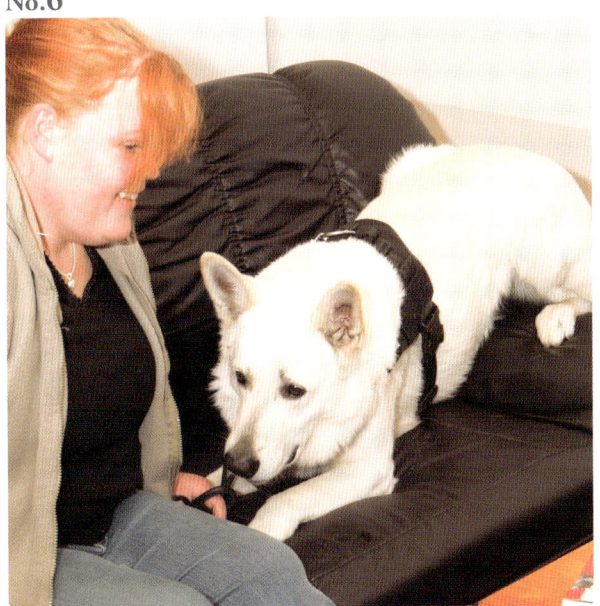

イブさんと私は久しぶりに会った友人らしくコーヒーを飲み、ソファでおしゃべりをしながらくつろぐことにした。ベッセと視線を合わせる機会をできるだけ避けようと、イブさんはアスランをソファに座るように促した。ベッセは床に伏せている。私たちの間にはソファテーブルもある。こんな風にできるだけ周りの家具を使って、簡単に視線があわないように工夫することも大事だ。

それにしても、アスランのソファに伏せたこのおかしな格好！私たちの笑いを大いにさそったが、彼にとってはそれはどうでもいいことで、ひたすらイブさんがくれるトリーツに集中をしている。

No.7

> おい、俺を見ろよ。挑戦してもいいんだぜ。

知らない犬同士を連れながら、どうやって緊張状態に至らせず部屋の中でゆったりと過ごすか、という訓練は、実はこのクリニックで日ごろのしつけ訓練として行っているエクササイズでもある。

ここでぜひ犬のために理解してほしいのは、愛犬がすべての相手犬を好きになれるわけではないということ。だからといって、ケンカをさせる必要もない。大事なのは、愛犬は知らない犬でも相手の存在に対しての許容量を持つことだ。

さて、ベッセはとてもしつけの行き届いた犬である。性格にも特に問題ない。だから特に狂ったように振る舞うわけではないが、ただしこの状況において、決して穏やかではなさそうだ。ボディランゲージを読んでほしい。目が再び、アスランに集中しはじめたのがわかる。「おい、俺を見ろよ。挑戦してもいいんだぜ」。こうしてわざと相手を見るのである。

No.8

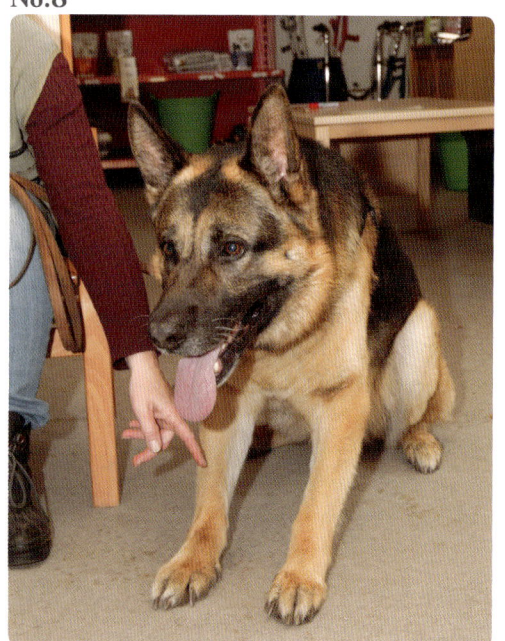

案の定、次の瞬間に立ち上がろうとする。そして視線は相変わらず強い。ここですかさず、飼い主は視線をさえぎること！

No.9

私たちはしばらくおしゃべりに興じた。アスランもベッセも伏せをして、しばらく穏やかだ。しかし、ここが落とし穴というもの。オス犬同士である。彼らは、時を見計らいながら常に「にらめっこコンテスト」を行い続けているのだから。

「何もかもうまくいっている！」と思いきや、突然攻撃行動がはじまるのはこんなとき。飼い主は油断しているから、犬のリードを握ることもできずに、悪くすれば、犬はすでに相手に突進しているかもしれない。

飼い主がリラックスしていれば、犬も自然にリラックスする、とはよく言われることだが、しかしこの状態で犬は必ずしも飼い主のムードに従うわけではない。だからといって、ピリピリする必要はない。リラックスしながら、常に犬の動向に気をつけておくこと。オス同士の「にらめっこコンテスト」に至る前の犬のボディランゲージをすぐに探知すること。

そして知らない犬同士が出会い、攻撃的な状態に陥るのは、むしろ出会った瞬間よりも、飼い主の気持ちがゆるんだリラックスしている間の方が確率は高い。

Chapter **3** オス犬同士の闘争心

No.10

　私たちがしゃべっている間も、リラックスしていたアスランは刻々と表情を変えている。ベッセの視線での挑発を受け、鋭い視線を送り返す。気持ちが高揚した様子は、やや硬くなった口元からも察することができる。

No.11

　再び平和が戻る。イブさんは、もう大丈夫と確信をしてベッセと座ることにした。写真を見るとおり、ピストルで撃って倒れる、という技を披露しているぐらいだから、かなり人も犬もゆったりしはじめた証拠だ。

No.12

　しかしベッセはアスランほど、他の犬の存在に慣れていない。なんといっても、アスランはこのクリニックの住人だ。いつもいろんな犬が出たり入ったりする環境にいる。それが彼の毎日。それに比べると、普通の家庭犬であるベッセには、この出会いは応える。いったんリラックスしたものの、先ほどの気持ちの高揚がまだ体の中に残っているらしい。陰茎がぴょんと飛び出している。

　陰茎を出すのは、必ずしも性的な興奮によるものではない。多くの飼い主は、この現象について人前でかなりきまり悪い思いをしているようだが、恥ずかしがる理由などまったくなし。オモチャで遊びながら陰茎を出したアスランと同様に（P.146の写真No.6を参照）心がゆれたこと（良いことであれ悪いことであれ）を示している。さらに、風通しをよくするためにも、犬は陰茎を出すことがある。

　そしてベッセの気持ちの高まりは、ここでは決してストレスではない。

No.13

ベッセのテンションがまた高まった。にらめっこコンテストをはじめようとしている。この行動にいち早く気づいたイブさんは…。

No.14

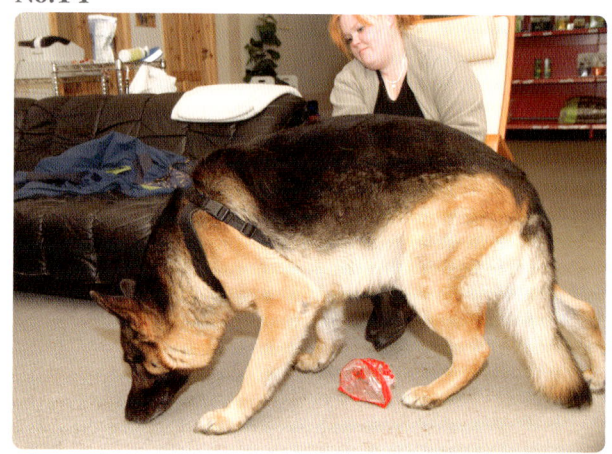

床にトリーツを撒いて、気を逸らした。その後イブさんは、ベッセを連れて少し外を散歩した。テンションが高まった2頭の間にタイムアウトを下すうえでも、いったんこの場を離れて散歩するのはとてもよい方法である。

No.15

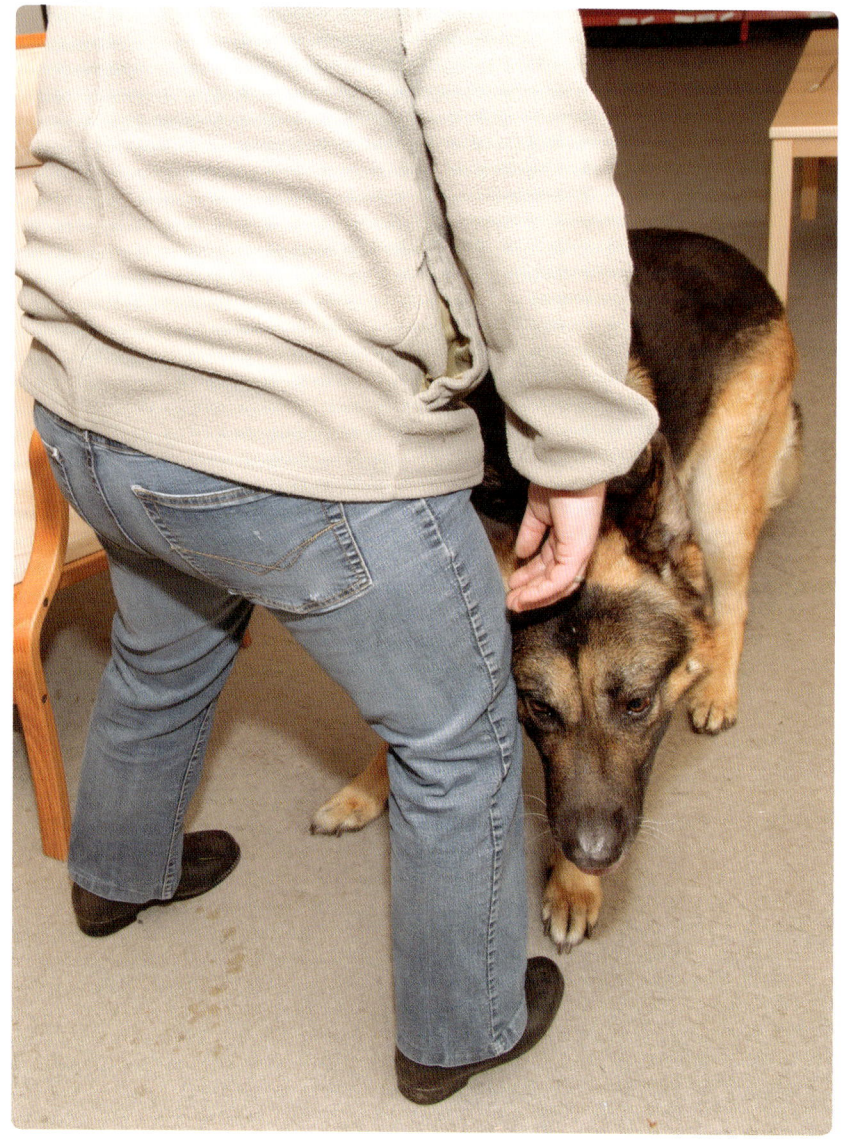

あるいはこうして視線をさえぎる。

Chapter 3 オス犬同士の闘争心

3-3 屋外での闘争心を収める

ベッセ　アスラン

No.1

はたして2頭を遊ばせることができるかどうか、外に出ることにした。オフリードでの遊びは、2頭にとって中立の場所がよし。ここはクリニックの練習場所なので、いくら普段アスランに縄張りのニオイ付けをさせないようにしているものの、やはり彼の場所だ。あまり好ましくはない。そこで、リードにつないで2頭の反応を見ることにした。

さっそくベッセは、向こうから近づいてくるアスランに視線を釘付けにしている。これは挑発させる意図を持ったものだ。そこでイブさんはこの行動にいち早く気づき、彼の気持ちをそらすべくトリーツで誘った。

No.2

しかし、彼はそれどころではない。イブさんの意図と行動に気づくことはない。視線をさえぎるために手をかざしているが、その影からアスランをまだ見つめている。

というわけでこの場合、トリーツは与える必要はない。時に私たちは、トリーツを与えるとなると、犬がストレスでトリーツを取ることができない状態であるにもかかわらず、無理やり食べさそうとする。これでは本末転倒。トリーツはあくまでも、犬が望ましい行動を見せてから与える「モチベーションを上げるもの」であることを、常に心に置いてほしい。

さて、このオス同士を実際にリードなしで遊ばせることができるのでしょうか。それを判断するためには、どんなボディランゲージを見るべきでしょうか。実際、外に出る方が、犬たちはリラックスしやすくなります。だからもし、前出のような状況に犬を置かなければならない場合、まずは外でミーティングの機会を作ってあげること（まずはリード付きで）。その後、屋内に入る方が犬はリラックスします。今回あえてそれをしなかったのは、この本の撮影のために、犬たちの「にらめっこ」コンテストの行動を観察したかったからです。

No.3

アスランは、ベッセの挑発に応じた。口角に注目。私はすかさず彼の前に出て、アスランの応戦的な行動が相手に見えないようさえぎった。

No.4

よーし、応じてやろうじゃないか！

「よーし、応じてやろうじゃないか！」。アスランの応戦的な気持ちは尾にも現れ、ぴょんと上がる。しかし彼は興奮して我を忘れているわけではない。私にも注意を注いでいるのは、彼の右耳がこちらに傾けられていることからもわかる。

No.5

ベッセは、まだ「にらみ合いコンテスト」を行おうとしているではないか。しかし自分からけしかけたにもかかわらず、彼はそれほど強気ではない。というか、本来ベッセはそんなに威張り散らす性格ではないのだ。背中が丸くなっていることからも、やや不安でもある。これはどうやら、一緒に放さないのが懸命である、と判断した。

No.6

イブさんはすかさず、ベッセの視線を手でさえぎった。こうすることで、リードで引っ張らずに、犬にこちらの意図を伝えることができる。

No.7

> 君、僕を見てもいいけど、そのにらみをきかせた視線だけはやめてくれる？

一方でアスランは、もうそれほどベッセの行動にいちいち反応しなくなった。彼の挑戦的な視線に対して、応戦するどころか、今やカーミング・シグナルを出している。口元をペロリ。「君、僕を見てもいいけど、そのにらみをきかせた視線だけはやめてくれる？」。

私はイブさんにひとところに立っているように指示し、私とアスランでその周りをぐるりと歩いた。ベッセという犬の反応の仕方、それに対処する飼い主の行動を、一番よく観察できるからだ。円を描く理由は、ベッセもあらゆる角度からアスランを見ることができ、その存在に慣れやすくなるため。

■犬の周りを歩く演習について

この演習は本書の中にもたびたび出てくるので、お気づきの人は多いはずだ。犬同士のボディランゲージを見るために使うだけではなく、しつけ教室の中でも私はこの方法を多いに使っている。犬を街などで出会う他の犬の存在に、慣らすための練習としてだ。実際に街に一緒に出て、飼い主を指導するというのはむずかしい。だからここで擬似の状況を作り、そのときに飼い主にどうやって振る舞うべきか（イブさんはここでは、とてもうまく対処した）、どんなボディランゲージを見るべきか、犬と付き合うためのツールを伝授している。

BODY LANGUAGE

Chapter 4

アドバイスの糸口の見つけ方

■ アスランと問題犬ビクターの場合

■ アスランと2頭のシェルティの場合

BODY LANGUAGE
アドバイスの糸口の見つけ方

4-1 犬の行動を観察する

アスランと問題犬ビクターの場合

　問題犬をコンサルトするときには、ひとつのシーンや状態を見るだけで判断すべきではなく、多角的にいろいろな設定をしながらアプローチするのが大事です。それを私自身改めて思い知ったのは、ライラさんの飼っているビクターの問題行動の原因を探ろうとしたときです。ビクターは何かとケンカに巻き込まれる犬で、ライラさんはビクターがあまりにもボス的な犬だからではないか、と信じ込んでいました。だから彼にいつも服従を要求して、リーダーシップ訓練を強化させていたそうです。

　しかしこの後を読み進めると分かるように、実はそうではないというのを、ビクターと一緒に住んでいるトリステンをも交えてコンサルティングを行ったときに発見しました。もしトリステンを見ていなかったら、私自身も原因がよくわからずに、あまり効果のないトレーニング・アドバイスを与えていたかもしれません。

　ここではまずは、ビクターの問題行動だけについて、そのボディランゲージを見てみましょう。

No.1

　アスランが、向こうに見えるシェルティに気がついた。尾はほぼ水平に掲げられているところを見ると、彼は気持ちが高揚しているというよりも好奇心でいっぱいという心情だろう。耳は前に向けられているが、唇は長い。目も細くなっている。もし警戒の気持ちの方が勝っていれば、尾がもう少し垂直状に揚げられる。

No.2

　アスランはすぐに、相手があまり気の強い相手ではないということを「読んだ」。そこで、顔を背けてカーミング・シグナルを出した。しかし相変わらず体は前につんのめっているし、好奇心はいっぱいだ。

Chapter 4 アドバイスの糸口の見つけ方

No.3

ビクターは尾を少し横に落とした。彼にもそれほど緊張した様子は見られない。口角は引かれている。耳も前に傾けられている。

No.4

> あれ、来るのかなぁ。来ませんように、来ませんように！

前の写真では開かれていた口だが、今は堅く閉じられた。そして舌をペロリと出した。彼は今や、少し身構えはじめたのだ。目はやや細められた。（写真No.3）では耳が前に向いていたのだが、今はやや横に向いている。「あれ、来るのかなぁ。来ませんように、来ませんように！」という心情だ。

No.5

> 来るなって言っているじゃないか！

アスランがこちらに近づくにつれて、ビクターは、シグナルを強化した。舌で鼻を舐める。尾が立てられ、目には白眼が見える。「来るなって言っているじゃないか」。

前出の写真に比べて、彼の不安定な気持ちがよく現れている。体もごくわずかに飼い主の方向へ傾いている。写真では少し見えにくいのだが、左前脚が上がりはじめている。

No.6

アスランの心情は以前と同じ状態だ。ビクターを見ている。次の瞬間（写真No.7）顔を背けたのは、一方、ビクターのシグナルに呼応したからだ。尾も落ちた。

No.7

No.8

アスランがどこにも行かないので、ストレスを感じるようになった。ハァハァと激しく息をする。それで口を開いている。尾がさらに上がる。

No.9

アスランの顔は相変わらず穏やかだが、頭を少し落として身構えている。尾も高く上がり自分の強さを誇示しようとしているが、私がこの場を仕切っているので、勝手なことはしない。

No.10

君と何もするつもりはないけれど、君が挑戦するなら、それは受ける用意はあるから。僕はこうして君を見ているぞ。

ビクター
アスラン

アスランは、ビクターの後ろを通り過ぎようとしているところだ。非常に集中している。尾に力が入った。だがまっすぐ垂直に立てられているわけではない。カーブを描いている。背も丸めている。「君と何もするつもりはないけれど、君が挑戦するなら、それは受ける用意はあるから。僕はこうして君を見ているぞ」。

No.11

おっ！　おぬし、やる気だな。俺はしっかり、見ているんだぞ。

ビクターは、尾を上げた。これにアスランが応じる。彼の尾が根元のところでさらに上がっている。「おっ！　おぬし、やる気だな。俺はしっかり、見ているんだぞ」。

Chapter **4** アドバイスの糸口の見つけ方

No.12

ビクター　アスラン

案の定！　ビクターは、いつもの通り。相手に飛び掛ってゆこうとした。アスランは気が強い犬だ。応戦した。尾が上がった。しかし、アスランの攻撃は、それほど深刻なものでもなさそうだ。耳と耳の間が広く開いている。

No.13

おい、かかってくるものなら、かかってこい！

アスランは離されたが、頭を下げて相手をにらむ。「おい、かかってくるものなら、かかってこい！」という意気込みを見せる。唇が短くなっていることにも注目。

ビクターが他の犬を、怒らせてしまう原因のひとつ

　ビクターはどういうわけか、会う犬、会う犬を怒らせてしまうのだ。それはビクターが、あまりカーミング・シグナルが上手ではないことにも起因するだろう。彼は相手を挑発する気がないにもかかわらず、それどころかとても怖がって飼い主に体をよせながら、相手の目をまともに見る、尾を上げてしまうなど、その意図とは別のボディランゲージを発する。相対的に彼の言葉を見ると、とても様々な感情の入り混じったボディランゲージになっている。私はコンサルティングのためにアスランに登場してもらって、いろいろな犬に会わせたが、彼はたいてい穏やかに状況に対処してきた。その意味でいろいろな犬に慣れているはずだが、そのアスランですら怒らせるのである。

　人間の世界にもいるだろう。なぜかこちらの神経を逆なでする人、あるいはいらだたせる人。向こうはそのつもりはまったくないのだが、その人のしゃべり方とか振る舞い方が、なぜだか人を怒らせてしまうというような。おそらく、残念ながらビクターはそんな犬なのかもしれない。おまけに、ビクターの顔は黒いから、より他の犬にとって混乱を巻き起こす（黒い犬は、表情が読み取りにくい）。

　まずは、ビクターのさらなる社会化訓練と、飼い主の、ビクターのボディランゲージを的確に読む能力が必要とされる。

No.14

アスランの怒りはまったく本気のものではない。（写真No.13）とこの写真の間隔は1秒以内に起こった。しかし、アスランの表情を見てほしい。すでに緩んでいる。

No.15

しかし、ビクターはまたもやアスランをにらみつけ…。

No.16

アスランは、またもや応じてしまったのだ。

No.17

このときリードは引っ張らない

これはどちらの犬にとってもよくない。私はアスランの前にでて、2頭の間を遮断しようとした。

犬の前に出る際は、リードをひっぱらずに行うのが大事だ。私はリードをたぐりよせて、彼の前に出ようとしているのが、この写真に見える。

Chapter 4 アドバイスの糸口の見つけ方

No.18

アスランは私の意図を理解し、すぐさまビクターとのアイコンタクトをはずして、視線をさけようとしている。今や背は丸くなり、尾も落ちはじめた。耳も後ろに向いている。しかし、ビクターは相変わらず怒りで熱くなっているままだ。

ボディランゲージを使って犬の行動をこのように妨害するのは、効果がある。もしも私が後ろで声を使って、ただ「ダメ！ダメ！」を繰り返しわめき散らしていたとすれば？　たいていの犬は、私がまるで吠えているかのように感じるらしく、後ろ盾をもらったと余計に調子付いて攻撃行動をもろに見せるのだ。ボディランゲージのパワーだ。

No.19

さらに犬を興奮させてしまう、飼い主の間違った行動

まだビクターはいきり立っており、飼い主のライラさんが引っ張りながら「ダメダメ！」を繰り返している。このやり方はよろしくない。それでは犬に飼い主の意図は伝わらない。私がやったように、ライラさんこそ彼の前に躍り出て、飛び掛る動作を阻害するボディランゲージを見せなければならなかったのだ。

確かにシェルティは小さいから、話しかけながら引っ張ることでなんとか対処できそうであるが、これでは問題行動の解決にはならない。それに前述したように、彼女が声を出せば出すほど犬は吠え声と勘違いして、よりテンションを上げて相手に攻撃的になってゆく。

それから彼女の引っ張るという行為も、より犬を興奮させている。身動きがとれない状態にいるのだから、緊張がより高まってしまうというものだ。そもそも人間のように、引っ張られると「その行動を中止しなさい」という風にメッセージを受け取ることが、犬にはできない。そんなボディランゲージは、犬の世界には存在しないのだ。

No.20

このとき横に座ってはいけない

　ライラさんはビクターの横に座る。犬をなだめるときや怖がらせないときはこれでもよい。しかし、今や攻撃行動を妨害しなければならないのだ。前に座って、カット・オフ・シグナルを出すべきだった。ライラさんはすっかり動転しており、その気持ちが手を通じてビクターに伝わる。すると攻撃行動はいっそう強化されてしまうのだ。

No.21

アスランは先ほどの争いで受けた感情の高ぶりをすっかり沈めて、また中立の状態でビクターを眺めている。

Chapter 4 アドバイスの糸口の見つけ方

No.22

（吹き出し）もう僕は、あの白い犬を見るよりも、ママを見ていることに決めたよ！

今度こそアスランは、地面のニオイを嗅いでビクターへの無視を決め込んだ。私が、彼とビクターとのコンタクトを阻害したので、いちいちビクターを見て、それにいちいち反応することが無駄だと思えたのである。

一方でビクターは、突然アジリティ競技会に出ているときと同じようなポーズをとりはじめた。つまり、何があっても飼い主とアイコンタクトをとり続けた。「もう僕は、あの白い犬を見るよりも、ママを見ていることに決めたよ！」。

■私の考える犬との関係

　ビクターは、アジリティ・チャンピオンにもなっている典型的なスポーツドッグなのであるが、スポーツドッグはこのような完全なアイコンタクトを見せるものだ。

　私は、競技会に出る犬たちの見せるあの独特のアイコンタクトが好きだが、その行動へのモチベーションはいろいろあるし、飼い主やその犬にもよる。あるハンドラーは、犬に完全な服従を要求する。他の犬に気を取られていると、競技会のパフォーマンスに差し障るからだ。それで、犬の方もずっとハンドラーの顔を見ている方が何かと彼／彼女とトラブルを起こさずにすむ、あるいは矯正されることがない、と学習するものだ。それでアイコンタクトをとり続ける犬もいる。

　…となると、私は疑問に感じてしまう。それでは本当のコンタクトではないからだ。私は、アスランには完全なアイコンタクトは求めない。他にチョイスがないから私の方を向くしかない、という風には仕向けたくないのだ。もし犬をそんな風にトレーニングしたら、絶えず「あなたを見てるわよ！　見てるわよ！」と声高に叫ぶ、ストレスの多い犬にしてしまう。

　もっとも、ストレスに基づいたアイコンタクトは、競技会のときには役に立っているのかもしれない。競技会でパフォーマンスをするには、ある程度のポジティブなストレス（緊張感）が必要だ。

　ビクターについて私が悲しいと思うことは、ビクターにとって、飼い主の顔を完全に見ているか、あるいは他の犬に飛び掛る、というふたつの極端なチョイスしか、この犬にはないということだ。

No.23

No.24

　このふたつの写真を見ると、他の犬とすれ違う際に、ビクターには他に何も選択肢がないということがはっきりわかる。アスランの側を通る際に飼い主の顔を見ていなければ、こんなにがっかりとしたボディランゲージ（写真No.23）しか見せることができない。しかし、顔を見ていれば（写真No.24）、とたんに彼は明るくなれる。

　これは、私は好きになれない。飼い主にアイコンタクトを取る以外に、どうやって他の犬の側を通るか対処の仕方がわからない犬では、悲しすぎる。

Chapter 4 アドバイスの糸口の見つけ方

4-2 同居犬との関係を深く観察する

トリステン　ビクター　アスラン

アスランと2頭のシェルティの場合

　以上まで読み進めると、私たちはビクターが単に社会性の乏しい犬とだ決めつけてしまいそうです。
　そのあげくの果てに「競技会ばかりにいそしまないで、もっと社会化訓練を与えた方がいいのでは」なんてアドバイスを出してしまうかもしれません。
　しかし私は一回で結論を出さずに、「次回のコンサルティングの機会に同居犬のトリステンも連れておいで」と提案をしました。

No.1

ライラさん
トリステン
ビクター

　トリステンとビクターは、ライラさんの飼っている2頭のシェルティ。ビクターはアジリティ・チャンピオンでもありスポーツドッグとしてとても優秀な犬なのだが、1頭で連れられていると他の犬に対して飛び掛るという問題行動を持っている。彼が実際どんな風に他犬と会って対処するのか、散歩のシーンを設定して観察をした。いつもの散歩のとおり、ビクターはトリステンと一緒に歩いてもらうことにした。
　フィールドに出た2頭はさっそく地面のニオイを嗅ぐのだが、まるで動作がシンクロしているのがおかしい。尾の上げ方まで同じだ！

No.2

アスラン

　2頭を見ているアスランは、何も敵対行動を見せることなく中立の状態を保っている。首をやや下に落とし、じっと観察している。目はアーモンド状で穏やか。尾は下に落としたままだ。

Chapter 4 | 61

No.3

アスランに視線を向けたのは、トリステンだ。尾を高々と上げ、マズルに空気を吸い込んでいるのでやや膨らんでいる。気持ちが徐々に高まっている様子がわかる。

ここでひとつ気づいてほしいのは、ビクターはアスランの方を振り向きもせずに、トリステンについて行っていること。彼のボディランゲージは、それほどキリキリしたものではない。耳は後ろに倒され、口角が後ろに引かれている。一方トリステンのそれは、シャキッと警戒している様子だ。

ここで攻撃行動の原因がつかめる

この写真を見れば、明らかだ。トリステンがこの２頭の「群れ」の総括責任者となっている。トリステンとビクターの尾の掲げられた高さの違いを見てほしい。ビクターは完全に、トリステンにかばってもらえる場所にいる。彼に守られている限り、ビクターは安心できる。

ただしライラさんによると、家ではビクターが仕切っているそうだ。ということは、家の外と内でそれぞれの役割が異なるということ。このことからも、犬の社会には必ずしも確固とした順位が存在するわけではなく、状況によってかなり流動的であるということだ。

ライラさんは、ここまでトリステンが外で状態を管理しているとは、この実験をするまでわからなかったそうだ。ずっと、ビクターがリーダーになっていると思い込んでいて、余計にビクターの攻撃行動の理由がわからなかったという。

しかしここにきて、理由はもう明らかだ。外に出るとトリステンにすべて任す彼にとって、トリステンなしに他の犬と出会うというのは、とても不安なことなのである。それで防衛しようとして、相手に飛びつこうとするようになった。

No.4

BODY LANGUAGE

Chapter 4 アドバイスの糸口の見つけ方

No.5

トリステン　　ビクター

　トリステンは最初の頃と同じように相変わらず警戒した様子で歩くが、決して興奮をすることなく、むしろ今ではリラックスをしている。ビクターがアスランに会ったときに、これぐらいリラックスして謙虚なボディランゲージを見せていたら、あんな争いにはならなかっただろうに！

No.6

　トリステンが、またアスランの方をちらりと向いた。尾は立っているが、アスランの様子をチェックしただけで、何も敵対的な行動の前兆となるものは見られない。一方、ビクターは、トリステンがすべて状況をカバーしてくれるので、自分は安心して好きなだけ地面を嗅ぐことができる。アスランと出会ったときのビクターを、今一度振り返ってみよう。そのとき彼は、地面のニオイを嗅いでいない。それほど心の余裕がなかった。

No.7

　アスランは相変わらずゆったりとした気持ちで、私と一緒にいる。トリステンは横になり、安心してビクターがその横に座る。これは、「平和の図」である…。

No.8

アスラン　　トリステン

　…が、ひとたびアスランが近くによると、やはりトリステンがさっと彼の方向を振り向き、警戒をする。

Chapter 4 | 63

No.9

しかし、トリステンがいても少し不安になり、ビクターは立ち上がって今度は飼い主の顔をじっと見る。トリステンは、悠々とフセをしたままだ。彼の落ち着きは、自分ならこの状況をちゃんと対処できるという自信からきている。

No.10

さらにアスランが近づいてくると、さすがにトリステンも立ち上がらずにはいられなかった。

ビクターは、相変わらずトリステンにガードを任せ、いつものようにいきり立つことはない。

不思議なのは、トリステンに任せておきながら、尾を立たせている点である。犬の中には、こうしてシグナルをごちゃ混ぜにして、感情と一致させない個体がいる。おそらく、この点なのだろう。ビクターがいつも相手を怒らせてしまうのは。彼が正しくボディランゲージを出さないために、相手は困惑してケンカを吹っかけてくる。それが度重なり、ビクターは今や他の犬を見ただけで恐ろしく感じ、そして自分から飛び掛るようになったのだ。

■ビクターへのカウンセリング

たしかにビクターには社会化訓練が必要ですが、しかし、それだけではアドバイスとして十分ではないのがここで理解できましたね。

彼の「トリステンへの依存心」が、弊害となっているのです。トリステンがいないと、他に頼る者がいない（本当はライラさんという存在がいるにもかかわらず）。それで自分で防衛をしはじめるのです。

おまけに、通常他の犬に出会ったときはトリステンがすべてを「管理」してくれるため、ビクターは相手を怒らせないようなカーミング・シグナルを出す必要がなく、その巧みさに欠けています。

となれば、ビクターに必要なのは、ライラさんへの依存心を培うことでしょう。それには、信頼を寄せるための訓練を行わなければなりません。

Essay 2-1 飼い主に依存心を培わせる手法

トリステン　ビクター

ビクターの問題行動の解決策

> トリステンじゃなく、そしてあなた自身でもなく、私がすべてを状況解決してあげるから！

まずは、トリステンを伴わずに、ビクターだけを個別に散歩に出すよう、ライラさんにアドバイスをしました。そこで彼女がビクターに「洗脳」することは、「トリステンじゃなく、そしてあなた自身でもなく、私がすべてを状況解決してあげるから！」。

第1章で述べたカット・オフ・シグナル（P11参照）を出して、自分が相手の犬の前に躍り出ます。そしてビクターが黙っている間に、撃退をした、というシナリオを見せます（実際に、ライラさんはこのコンサルティングの後に私のところに来て、相手犬を撃退させたシーンをビクターに見せつけました）。

または、トリーツを犬の届かないところにわざとおいて（しかし匂いはする）、それを犬に取ってあげることで、ヒーロー的な存在になります…。「そうか、ママのところにいけば、問題というのは解決するのだ。それなら、これからも彼女に頼ろうではないか！」。

トレーニングの意図と手順

まずは飼い主との信頼感を強めて。それから社会科訓練へ。

ここでの意図は、問題というものにはかならず解決策がある、と学習させることです。これら小さなエクササイズをいくつも盛り込んで、犬との過ごし方を変えてもらいました。

ビクターは、最終的にはライラさんの力を本当に信じるようになり、自分が状況について責任を持たなくてもいいのだということを学習しはじめました。

その後、はじめて社会化訓練に入ります。こうして飼い主との信頼関係が結べた後で、他の犬の群れに放さないと、また自分で自分のことを防衛しようとしはじめます。犬の群れにいるときにビクターになにか困ることがあれば、今度こそすぐにライラさんを頼ろうとするでしょう。一方でライラさんは、即ビクターのボディランゲージを読んで、遅くなるまえに彼を救出します。こんな風にして信頼というのは培われます。

Essay 2-2 信頼を築くにもケースバイケースで手法を変える

トリステン　ビクター

ビクターの場合とバッセの場合の違い

　もうひとつここで気がついて欲しいのは、「相手の犬に攻撃的」という同じ問題行動を抱えているにもかかわらず、この章のライラさんとビクター、そして第2章で紹介したイーブンさんとバッセのケースが違うということです。

イーブンさん

　イーブンさんの場合、あまりにも状況に対して心配をしすぎ、彼女はすっかり自信を喪失していました。私がすでに何度もどのように対処すべきかコーチをしてあげているにもかかわらず、自信欠落のために、それをやっても効果がでていません。よって、バッセが代わりに状況を牛耳りはじめているのです。

ライラさん

　ライラさんの場合、彼女はまだ私からコンサルティングを受けていなかったので、何をしたらよいかわからない状態でした。それよりも、自信が欠けていたのはビクターの方です。それで自分を守るために、他犬を見れば攻撃的行動を取ろうとしてきたわけです。
　ライラさんの場合、彼女自身の自信が欠けていたわけではないので、一旦何をすべきかを知った時点で、一気に犬の問題行動は改められました。
　イーブンさんのケースの方がよりむずかしいのです。

■問題解決法にマニュアルはない

　私が、コンサルタント養成教育の中で常に口を酸っぱくして言っているのは、まさにこのことです。
　一見同じ問題行動でありながら、犬と飼い主によって微妙にその原因が異なります。原因に合わせて、各々のトレーニング・メニューを組み立てなければいけません。
　だからこそ、マニュアル通りの問題犬解決法なんていうものはなし。トレーナーには、状況判断と状況解析を素早くできる才能が必要なのです。

BODY LANGUAGE

Chapter 5 　軍用犬に見る、人と犬との本当の信頼関係

- 信頼の失われた関係に、協調は存在しない
- オヴェリックスとKさんの場合
- ジップマンとAさんの場合
- ヴェラとPさんの場合
- コヨーテとCさんの場合

BODY LANGUAGE
軍用犬に見る、
人と犬との本当の信頼関係

5-1 命懸けだから！究極の信頼関係の築き方

信頼の失われた関係に、協調は存在しない

　私は過去にデンマークの空軍管轄のミリタリー・ワーキング・ドッグ部隊（軍用犬部隊）に招かれて、行動セミナーを開催したことがあります。その後、軍用犬とハンドラーのコンサルティングも行うようになりました。そんなわけで、私の生活は何かと軍用犬との縁を持つようになり、それをぜひこの本で紹介しようと思っていました。しかし共著の藤田りか子をカーロプにある「コンバット・ウィング」基地に行こうと誘ったときに、「いったい、信頼関係／ボディランゲージを扱う本と、軍用犬がどう関係あるんだ？」と最初はあまり乗り気ではなかったのですね。

　しかし基地に到着してしばらくのこと。軍用犬のハンドラーたちの訓練の仕方、そして実際に戦地で働いている様子などの話を聞いているうちに、「これぞ究極の信頼関係だ！」とすっかり軍用犬の世界に魅せられていました。どうやら軍用犬とその訓練に対する「偏見」があったようです。それを払拭してくれたという意味でも、私は自分でよい仕事を果たしたと思いました。

　そう。軍用犬とは、普通の犬あるいは家庭犬の訓練の世界から大分かけ離れているように見えるものです。それだけでなく、世間でのイメージも（デンマークですら）あまりよくありません。それこそ軍とはそもそも訓練が厳しいところ。犬も同様にチョーク・チェーンで引っぱり回される、叩かれる、しごかれ

Chapter 5 軍用犬に見る、人と犬との本当の信頼関係

る、俺がアルファだ、コマンドにどこまでも従え！
という風に扱われているのではないか。それが軍用犬の世界だと、多くの人は考えているものです。

しかしこれから紹介するように、実際に戦地に送り出される軍用犬たちは、モチベーションを高く持った究極のワーキング・ドッグでなければ務まらないことが分かります。いやいやながら、あるいはぶたれるのが怖いからという理由で、仕事をするような犬ではいけません。優秀な狩猟犬と同様、仕事をしたいという欲そのものが、血の中に流れていること。そして叩いて抑圧するのではなく、むしろ秘めている才能を内から引っぱり出してあげる、犬のハンドラー（訓練者）の存在。さらに互いの素晴らしい協調にもとづいたチームワーク。これらなしには、決して実現できない世界であるということです。

そしてこの世界、決してボディランゲージと無縁ではありません。いえ、それどころか、犬を読みながら犬の感情や考えていることを知るスキルは、軍用犬ハンドラーにとって大事な物です。

ハンドラー軍人たちは、時にグループをふたつに分けて、午前組と午後組で訓練を行います。午前組が訓練をしている間、午後組は午前組の訓練を観察することになっています。なぜ？　他人の訓練を見ながら、犬がどうハンドラーに反応しているか学ぶことができるからです。ある行動を行う前に、一体どんなボディランゲージを出していたのだろうか、どんなシグナルがストレスなのだろうか。

犬に信頼してもらえる第一歩は、犬の気持ちをボディランゲージから読み取り、それ相応の反応をこちらが見せることです。信頼の失われた関係に、協調は存在しません。だからこそ、ハンドラーには犬のボディランゲージを読めるスキルが問われるのです。

その意味で私たちが目指している究極の信頼関係が、このような職業犬たちの世界にてまさに具現化されていると思いませんか？　そこから、多くを私たちは学べるはずです。

5-2 いろいろなタイプの軍用犬とハンドラーたち

オヴェリックス　ジップマン　ヴェラ　コヨーテ

　デンマーク、カーロブにある戦術航空司令部基地。ここにミリタリー・ワーキング・ドッグ（軍で働く犬）という部署があります。デンマーク唯一の海外派遣隊に属する軍用犬部隊でもあります。通称ケーナイン部隊。現在18人が、軍人かつ軍用犬ハンドラーとして働いています。

　根本的に、朝から夕方まで彼らの仕事は、犬を訓練すること。犬好きには夢のような仕事ですが、まずは体力的に適合していなければなりません。たいていが屋外活動です。それから、社会的なスキルも必要となります。現地に行けば、犬を扱う上でどうすべきかを、こちらが指示しなければならないからです（これだけは相手の条件に沿うことができません。というのも、相手は犬のことについて何も知らないし、こちらも一定の条件で犬を訓練しているから、それなりのやり方がすでに確立されているためです）。異国の文化で、人を指示するだけの強いメンタリティと外交力が求められます。

　30km²の敷地には、犬の訓練エリアがいくつか散らばっており、動物病院や犬用リハビリセンター（水泳やマッサージなどを行う）、犬舎の設備もあります。ちなみに軍用犬とはいえ、ここケーナイン部隊では、犬を決して犬舎に置き去りにしません。いつもハンドラーと行動をともにしています。

　ほとんどの犬は、マリノアという犬種です。シェパードも数頭いますが、マリノアの方が軽くて「持ち運び」しやすいこと（輸送のときに楽である）、それからシェパードよりも股関節に問題が少ないということで、最近軍用犬といえばこの犬種が主になっています。これはデンマークだけでなく、多くのヨーロッパ諸国の軍用犬・警察犬で共通して言えることです。

　ちなみに軍用犬の職業寿命は、およそ6歳から9歳。しかしそれ以上の歳をとっても、ハンドラーの愛犬として余生を家庭で過ごすことができます。

オヴェリックスとKさんの場合

体いっぱいKさんが好き！と表現するオヴェリックス

No.1

　オヴェリックスは、スイスのワーキング・ライン（ワーキング・ドッグとして優秀な血筋を引いている）からやってきた、10カ月の若いマリノアという犬種のオス。いくら優秀な血統でも、遺伝による要因は20％を占めるにすぎない。あとの80％は、環境とハンドラー次第。しかし、軍用犬歴20年のKさんであれば、立派な犬に仕立て上げるだろう。

　オヴェリックスは部屋に入るなり、喜びいさんでKさんの膝にのぼってきた。Kさんが大好きでたまらないといった様子である。

Chapter 5 軍用犬に見る、人と犬との本当の信頼関係

軍用犬においての社会化訓練の必要性と、ハンドラーがそそぐ愛情

　この写真でわかるように、たとえミリタリー・ドッグ（軍用犬）として働いていても、犬は十分な社会化訓練を受けていて、人々を受け入れることができるのである。結局は家庭犬でもあるのだが、やはりワーキング・ドッグ（働く犬）である。

　軍用犬は平均的な犬に比べると、決してオブラートに包まれたような「やさしく」甘い生活を送っているわけではない。毎日が訓練の続きであり、精神的にも肉体的にも人間から多くの厳しい要求をされ、日々を過ごしている。

　ただし厳しいとは言っても、ハンドラーは決して身体的な罰を課したり、むやみやたらに叱責することはない。軍用犬とハンドラーの間というのは、実はとてもやさしくきめ細かいものだ。それは上司に有無をいわせない師弟関係ではなく、互いの信頼と依存に基づいたすばらしい協調関係と言えよう。軍用犬に限らず、これこそが私たち平均的な飼い主が目指しているところだ。軍用犬の世界では、それがほとんどパーフェクトまでに完成した形で具現されている。

　その理由？　戦場は何もかもが異常な事態であり、危険に溢れている。かつ、ハンドラーおよび軍用犬に守られる味方の兵士たちは、軍用犬のパフォーマンスに命を預ける。軍用犬との仕事は、非常にシリアスなものだ。そこでは、単に「ご主人様」に服従するというような態度だけでは安全は確保されない。お互いがお互いの役割に自信を持ち、そしてお互いの決断を信じあいながら、仕事を進めていかなくてはならない。軍人ハンドラーと軍用犬というのは、いわば2人6脚で働く「ユニット」と言ってもいいだろう。

　さて（写真No.1）に見るオヴェリックスのボディランゲージ。耳は後ろに倒され、親しみをたくさん込めて、あいさつをしようとしている。その親しみの態度の中には、いつでもハンドラーであり飼い主であるKさんに、喜んで一緒に働こうという意志も見られる。

No.2

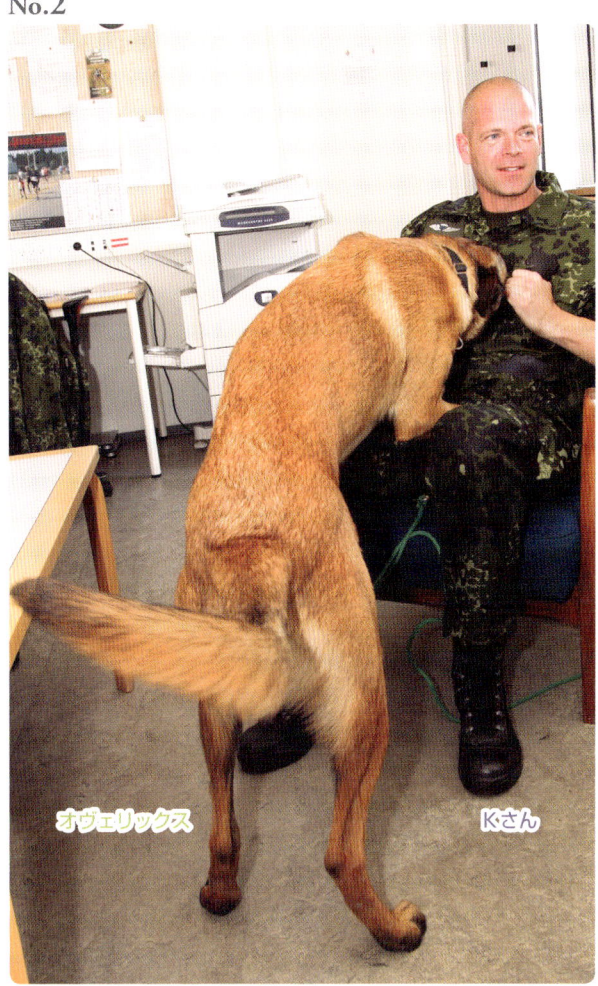

オヴェリックス　Kさん

　膝から降りるや否や、またもや飼い主にど〜んと体当たりでじゃれ戯れる。さかんに尾を振り、うれしさを表現している。その次の瞬間には、ソファにのぼったり降りたり。一見はちゃめちゃに見える彼の行動だが、このじゃれ合いは、すっかり我を忘れたストレス行動によるものではない。自分の前に何があろうと椅子があろうと人がいようと、何にも妨げられずそれでもうれしさを表す彼の勇敢さに由来する。たとえKさんのところにまたぴょんと乗っかってきても、顔をむやみやたらに舐めるということはない。そのときは節度をわきまえながら、かつ親しみのシグナルを出して接する。

ジップマンとAさんの場合

**今年から入隊したAさんと
若犬ジップマンのフレッシュ・コンビ**

No.3

Aさん
ジップマン

Kさんのもとで犬のハンドリングの勉強をする後輩Aさんは、軍を志願し、ケーナイン部隊でハンドラーとして働くことを希望した。そして今年、数十人の志願者から唯一選びぬかれたラッキー・ガイ。以前ラブラドールを飼っており、爆発物探知犬を訓練したことがある。犬それも狩猟犬と一緒に、育ってきた。
「狩猟犬も軍用犬も、基本的にはワーキング・ドッグとして同じメンタリティを持つ。しかし軍用犬は毎日のハードな訓練で成り立つので、いつも"面白い！"と思える情熱が気質に入っていなければならないですね」とAさん。

強い絆を作るために必要な、軍用犬を育てはじめる時期とは

　軍用犬ハンドラーの初心者は、子犬時代から飼って軍用犬を育てることはない。経験のある他のハンドラーが軍用犬としてふさわしい気質を持った子犬を選び、ある程度若犬としての訓練を入れる。Aさんに与えられたのは、2歳になるマリノアのオス、ジップマン。Aさんは既にワーキング・ドッグ・クラブで犬を訓練してきた経験があるが、軍用犬となればまた話は別。軍用犬として機能するために、犬の気質の何を見るべきかという経験や勘は、これから彼が軍用犬のハンドラーとして活躍していく中で培われてゆく。

　いったん若犬を得たら、軍用犬ハンドラーは普通の飼い主と同様、仕事が終われば犬を連れて家に帰る。犬舎では決して飼わない。家庭犬と同様にして、家族の中で一緒に暮らす。「毎日8時間の訓練は確かに"厳しい"ように感じられるかもしれませんが、彼らは普通の家庭犬と多くの点で異なります。まず、普通の家庭犬のように、"週に時々訓練を受ける、そしてあるときは家で残され…"なんてことはない。軍用犬は、僕というハンドラーと24時間共にするのですから」。

　他の国と異なり、デンマークの軍用犬は、すでにプロから訓練を受けてハンドラーに与えられる「規格製品」などではない。ハンドラー自身が自分で育て、とても私的な強い結びつきを築き上げる。そこで出来上がった犬たちは、いわば手作り「軍用犬」。そしてジップマンは、今やAさんと強い絆を築きつつあるのだ。ちなみに軍用犬を作るには3年かかる。

Chapter 5 　軍用犬に見る、人と犬との本当の信頼関係

ヴェラとPさんの場合

爆発物探知犬のヴェラ、犬もハンドラーも女性のペアだ！

No.4

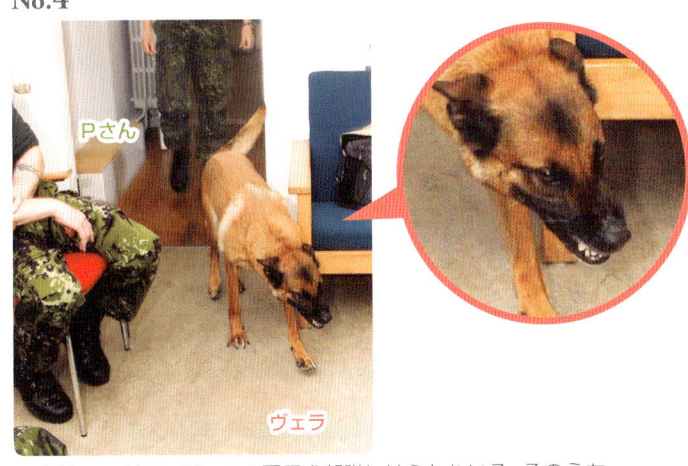

No.5

女性ハンドラーは、この軍用犬部隊にはふたりいる。そのうちのひとり、Pさん。彼女の犬は、メス犬のヴェラ。背と頭を低くして歯を出しているのは、犬でいう「笑い」の表情をとっているから。犬の中には、前歯をむき出すことで自分の幸せと親しみを見せる個体がいる。一見、怒っているようにも捉えられる表情だ。

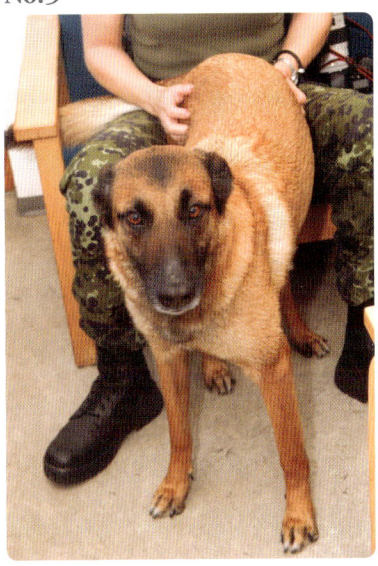

ヴェラはフレンドリーでとてもやさしいメス犬だが、他のオス犬たちに比べると、タフさはないかもしれない。彼女は、万能軍用犬として活躍しているのではなく、爆発物探知を行う軍用犬として働いている（万能軍用犬は爆発物探知だけでなく、パトロール犬、護衛犬としての職務も遂行する）。　このようにヴェラは、他の「男の子」たちに比べて動きも穏やかだし、もっとへりくだった様子である。

軍用犬における護衛行動は、奨励されるべきもの

No.6

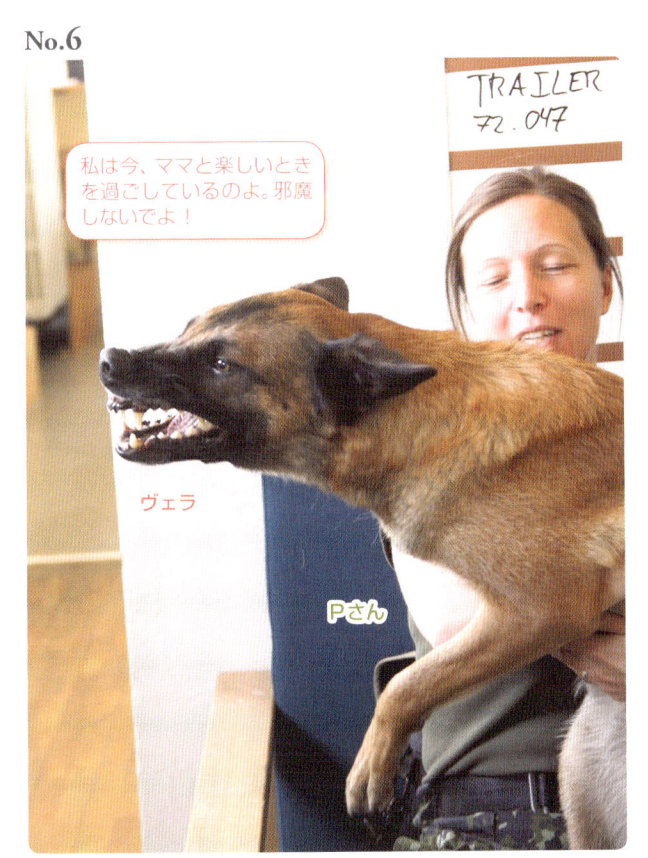

「私は今、ママと楽しいときを過ごしているのよ。邪魔しないでよ！」

Pさんの横にやってきた同僚のトーマスに向かって、「あっちへ行け！」と歯をむき出すヴェラ。これは攻撃的な性格からではなく、軍用犬の持つ独特の独占的かつ護衛的な気質による。「私は今、ママと楽しいときを過ごしているのよ。邪魔しないでよ！」と解釈するといいかもしれない。ヴェラの口角は後ろに引かれているが、もしこれ以上トーマスが近づいてきたら、スナッピング（実際に噛まないまでも、噛む振りをして歯をカチッと鳴らす）を行っていただろう。

確かにこういった表情を見せるところが、普通の家庭犬とは異なる。またもし家庭犬が行ったら、この行為は絶対に許してはいけないし、なくすように訓練をしなければならない。

軍用犬の場合では護衛行動を見せれば、彼らの職務上これは大いに奨励されるべきものだ。軍用犬はもちろん、ハンドラーの家庭で普通の家庭犬として飼われるのだが、しかし公共の場所（たとえば公園など）に連れて行って、他の家庭犬と同じように振舞うことはできない（またそうなってしまっては軍用犬として機能できなくなる）。軍用犬として、彼らは自分からはっきりと「あっちへ行け！　さもないと噛むぞ！」を言える犬でなければならないのだ。そして当然、この怒りを見せるときはたいていの家庭犬とは異なり、恐怖に基づくものではない。

自分で考えることができて、それをはっきり表現できる犬が軍用犬だ。なぜならハンドラーは戦場で、犬の「探知すること」「言うこと」「行動すること」に100％の信頼を置いて、作業を行う。そこには命が掛かっている。それが機能するには、コマンドがなくとも積極的に自分の考えを採用できる犬でなくては！　軍用犬は、自信に溢れ、自分の決断を信じることができ、かつハンドラーと協調することができる特別な犬だ。

この点で彼らは、社会で他人に迷惑をかけずエチケットを守るのを期待されている家庭犬とは、大いに違うところである。ちなみに、ハンドラーは軍用犬を「家庭犬」モードにしたくないので、公共の場所にはできるだけ連れて行かないようにするという。

必ずしも犬にとって嬉しいわけではない、顔を突き合わせる行為

No.7

No.8

　これも家庭犬とは接し方が違う部分だろう。時には、彼らは自分の気が進まない行為をも行わなければならない。人間の膝に乗せられ顔を突き合わせるのは、犬にとっては必ずしも居心地のいい行為ではない。ヘリコプターに同乗する訓練などもそうだ。

　しかし、軍用犬として適した気質を持った犬たちは、それでも行為を受け入れて、気持ちをしっかり保つことができる。もちろん気質だけに頼るのでは、だめだ。軍用犬とハンドラーの絆がどんな人と犬の関係よりも強く築かれていなければ、この行為は実現できない。

　後に紹介する訓練で見るように、軍用犬はその限界を超すか超さないところで訓練を受ける。これはもちろん家庭犬には適用できない。軍用犬ほどのメンタル・キャパシティ（心の許容量）を持たないから、ともすれば、飼い主と犬の信頼関係すら壊してしまう。

　ただし、軍用犬のハンドラーはどこまで「押せる」のか、たえずぎりぎりの限界を見極めなければならない。油断すると、完全に境界を超して犬を押しつぶす。そしてストレスによって犬の精神を壊してしまうからだ。見極め方は、やはり感情を如実に表してくれるボディランゲージによって、耳、目、息の仕方などの表情を読む。

No.9

「あっちへ行って！邪魔しないで」

　いったん膝に乗ってハンドラーの言うことを受け入れれば、彼らは逆にその状況を楽しもうとする。これも信頼関係ゆえだ。それでカメラマンが近づくと、歯をむき出して「あっちへ行って！　邪魔しないで」と追い出そうとする。軍用犬ににらまれたのははじめてであると、共著の藤田りか子は笑って語った。

Chapter 5 　軍用犬に見る、人と犬との本当の信頼関係

コヨーテとCさんの場合

戦場ではベテラン犬、でも普段は明るい性格のコヨーテ

No.10

この遊びムード満点のコヨーテは、すでにアフガニスタンに2度ほど出向いたベテランの軍用犬だ。彼のハンドラーであるCさんは、何度もコヨーテの賢い判断によって命を助けられたそうだ。

Cさん「彼は僕のコマンドを聞くけれど、しかし何か問題があれば自分で解決策を見いだすことができる、軍用犬として「協調性」と「独立性」がバランスよく備わった素晴らしい素質を持っている犬です。アフガニスタンにいたとき、ある地域で地雷探知をしていました。そこに、人間を通さなければならないからです。しかし、コヨーテのロング・リードが木に引っかかってしまいました。私は、彼より前に出ることはできません。なぜなら、まだ地雷探知が終わってないところにいけば、もしかして踏んでしまう可能性があるからです。コヨーテは私の助けを待つこともなく、引っかかった状態についてしばらく考えて、自分から木をくるりと回って抜けるという解決策を見つけました」。

No.11

テーブルという障害物も気にしない！

前述したように、軍用犬にとって障害に対する躊躇というものはない。ボールで遊ぼう！というプレイバウ（頭を低く下げ、お尻を持ち上げて前脚を突き出し、相手を遊びに誘う行動）をするときも、机の下からですら行う。

同じような話は、よく機能する狩猟犬の世界でも耳にする。たとえばフィールド系のイングリッシュ・コッカー・スパニエルとペット（ショー系）タイプのコッカー・スパニエルの気質の差は、"勇敢さ"だと言う。茂みや藪にニオイを感じれば、フィールド系の犬なら藪を気にせず果敢に飛び込んでゆく。その点、家庭犬だけとしてブリーディングを受けているコッカーたちは、障害に対して躊躇を見せる。あるいは迂回すらしてしまうのだ。

軍用犬ハンドラーの心持ち

軍用犬のハンドラーというのは、実際に戦うための軍人ではない。彼らは、犬と付き合う人々だ。軍人として数限りないタフな状況を今まで潜り抜けてきたにもかかわらず、気持ちは至ってリラックスさせているものだ。それは行動にも表れている。

5-3 障害を克服するための様々な訓練法

コヨーテ　ヴェラ　オヴェリックス

この訓練は、課題を与えたときに犬が自らどれだけむずかしい障害を解決し、突破できる能力を持ち合わせているかの判断材料にもなる。

　これは、犬が戦場で想定できるあらゆる障害を克服する訓練です。たとえば、橋を渡らなければならないとき、途中に穴などがあいていたら？　ここは、6カ月の若犬が軍用犬に果たして適しているか、を見るためにも使われます。いかに、むずかしい障害を突破するか、その反応を見るためです。途中に穴が開いているので、通り道はとても細くなります。すべての犬がここを通過できるとは限らないのです。

　犬は、はしごのような脚元に空間が開いている地面を居心地よく感じません。しかし、どんな平面でも躊躇しないように、穴に慣れさせる訓練が必要です。

　橋は全長およそ50m。命令によって犬は、この橋をひとりで渡り、向こう岸に行かなければならないのです。これは訓練なので、犬のハンドラーは橋のもう片方の端で待っています。こうして、岸の向こう側にはいいことがある！　という風に連想させるためです。さっそく送り出されたコヨーテの反応を見てみましょう。

穴のあいた橋を渡る訓練

No.1

最初は耳が立っていたものの、穴の横を通りすぎるとき、やや緊張するのかコヨーテの耳が後ろに倒される。

No.2

穴の横を完全に通り抜けると、また耳がぴんとたつ。向こう岸ではハンドラーのCさんがコヨーテを見ないようにして待っている。人間の凝視する目が、犬を驚かせてしまうからだ。

Chapter 5 軍用犬に見る、人と犬との本当の信頼関係

No.3

［Cさん］　［父ちゃん！］

　Cさんに近づくと、また立っていた耳がすぐに伏せられ、人とあいさつするモードに感情が切り替わっている。「父ちゃん！」 コヨーテのこの心からの喜び！ 他の犬の訓練と同様、犬にとってハンドラーとの接触がいつも楽しいものとして、犬の心に植えつけられる。尾は、舵を取っているだけではなく、親和も見せている。

■靴を履くのも訓練のうち

No.4

［Pさん］　［ヴェラ］

　熱いトタン屋根の上を歩くという練習などの前には、まず靴を履く。軍用犬は、戦場のどんな環境でも働けるよう、こんな特別な靴まで持っているのだ。

No.5

　ヴェラは、まだこの訓練をほとんど行ったことがなく、靴を履いていることに違和感を覚えて、後ろ脚を思い切り蹴る。

階段の上り下りをする訓練

No.6

No.7

No.8

　金網のような階段を上ったり下りたりする訓練。ここでも、犬に靴を履かせる。滑らないためと、熱した屋根から足を守るためだ。
　下が透いて見える階段は、犬に不安感を与える。しかしオヴェリックスは、上ってくるのが遅いハンドラーのKさんを待って、上ったり下りたりを繰り返し、自信たっぷりに階段の行き来をこなす。しかし下りながらも集中している様子は、前向きに立った耳に見て取れる。

Chapter 5　軍用犬に見る、人と犬との本当の信頼関係

No.9

階段を上りきると、屋根に出る。犬が指示通りに動いてくれれば、そのご褒美によって、さらなる行動の強化ができる。しかし軍用犬では、トリーツよりもたいてい引っ張りっこ遊びがご褒美だ。

■引っ張りっこのご褒美は、時に犬のストレスになる場合がある

No.10

Pさん
ヴェラ

　このご褒美の仕方は、ジャーマン・シェパードの飼い主の間にもよく見られる。ただし、引っ張りっこによるご褒美には注意が必要だ。時にこの方法は自信を与えるどころか、犬のストレス・レベルを上げてしまうことがある。軍用犬のハンドラーのような人と犬との絆ほどの強い土台があれば、たとえこのようなストレス・レベルを上げる方法を使っても、犬の気持ちは最終的には安定するものだ。しかし、ハンドラーと犬の間に何も強い絆や信頼関係そして協調関係がなければ、こんなご褒美を与えても、結局犬の心の中ではストレス以外に何も残らない。そして、自分の気持ちをコントロールできないまま、ますます犬は混乱をしてしまう。

　引っ張りっこは、犬の狩猟本能に基づく闘争欲を利用している。こちらがなかなか布を離さないで、犬に引っ張らせていれば、犬は当然布からの抵抗力を感じる。これは、獲物に噛み付いたときの抵抗力と同じだ。抵抗力が強ければ強いほど、犬はますますファイトを燃やして、なんとか獲物を手に入れようと引っ張る力を強めてゆく。

　犬のファイトとは、いわば火事場の馬鹿力のようなものであり、ストレス・ホルモンでもあるアドレナリンとコルチゾールを総動員して、パフォーマンス力を高めている瞬間。ストレス・ホルモンは、このように一時的にポジティブに働いている場合はいいのだが、「力を総動員せねば」という期間が切れ間なしに続くと、ストレス・ホルモンはが血中にたまったまま。そうなると、ストレス状態が続いてしまう。だから、このような激しいファイトを要求する狩猟遊びは、のべつ幕なしに行っていると、落ち着きのない「セカセカ犬」にしてしまう。上手にコントロールすべきだ。

　引っ張りっこだけでなく、狩猟欲を刺激する遊び、たとえばフライング・ディスクやボール投げでも、過剰に遊びすぎないよう気をつけるべきである。

抱き上げて運ばれる訓練

No.11

　抱き上げられてもおとなしくハンドラーに身を任せるのは、軍用犬に必要な職技でもある。Kさんはオヴェリックを抱き上げようとしたが、彼はまったく居心地のよさを感じないようで、抵抗をした。オヴェリックスはスイスのブリーダーの元から今年のはじめにやって来た犬。なので、まだすべての軍用犬訓練に慣れているわけではない。

　Kさんのオヴェリクスに対するこの強引なやり方は、私は賛成しかねる。皆さんはどうか真似をしないでいただきたい。マリノアという軍用犬の強いメンタリティを持っている犬だからこそ、この訓練のショックに耐えられたと言ってもいいだろう。普通の犬であれば、すっかり怯えてしまうか、ハンドラーへの信頼を失くしてしまうはずだ。

　ただしこの間、Kさんは一度も声を荒立ててオヴェリクスを矯正しようとはしなかった。抱き上げたものの、オヴェリックス自身にどこでバランスを取るか考えさせたようであった。マリノアはこんな風に、自分で「危機状態」をなんとか解決しようと考えることができる犬でもある（写真No.10のコヨーテのエピソードも参考にしてほしい）。ここが軍用犬と普通の家庭犬との違いでもあるだろう。

No.12

Kさん　オヴェリックス

　最初はイヤイヤだったものの、結局ハンドラーの肩に静かに収まった。耳は後ろに倒されて、眼はアーモンド状をしている。もし怖がっていたら、瞳孔が見開いているはずだ。

No.13

Aさん　ジップマン

　Aさんのジップマンは、すんなりとおとなしく抱かれている。小型犬と異なり、マリノアほどの大きな犬というのは、常日頃抱かれて過ごしているわけではないので、地に脚がついていない状態を嫌がる。しかし、ジップマンがこのようにおとなしくしているのは、Aさんとしっかり協調関係ができているから。彼を信頼しているからだ。

　ジップマンの顔にはカーミング・シグナルが表れているけれど（口角が伸び、耳が後ろに倒されている）、決して緊張状態にあるわけではないのは四肢のリラックスした様子を見ると分かるだろう。写真No.11のオヴェリックスの強張った四肢と比較してほしい。

　ちなみに小型犬が抱かれても大型犬ほど抵抗しないのは、慣れもあるけれど、やはり遺伝に基づく精神的な許容量の差のためではないかと思う。多くは貴族の抱き犬として数百年の歴史を持っている。抱かれて居心地よくしている個体が、より人々に好かれ、時を経てひとつの確立した気質として組み込まれた。

Chapter 5 軍用犬に見る、人と犬との本当の信頼関係

表面がでこぼこな場所を歩く訓練

No.14

オヴェリックス

今までの訓練の成果だ。このような不安定な表面をはじめて歩かせても、へっちゃら。それは、今までハンドラーに従って危ない目に合ったことはないという自信と、そもそものハンドラーへの絶対の信頼、そして、ちょっと不安と思ってもその怖さを克服できるほどのメンタル・キャパシティを持っているためである。また、様々な障害や環境で訓練してきたおかげで、何があってもそれほど驚かないのである。

No.15

Kさん

パパ、これ、楽しかったよ！

オヴェリックスは耳を後ろに倒し、目を細めている。たいてい私たちはこれをカーミング・シグナルとして解釈するだろう。ひょっとしたら、見慣れない障害の上に乗っているという気持ちを鎮めようとして、犬はこのシグナルを見せていると思うかもしない。しかし私は、この犬とハンドラーがどれだけいつも意気投合しているかも知っているし、メンタル・キャパシティの高い犬として、どんなにオヴェリックスがこの挑戦を楽しんだのかも分かるのだ。だから、この場合「パパ、これ、楽しかったよ！」という解釈がより正しいのではないかと思う。

カーミング・シグナルで見せるボディランゲージは、時に、犬が気分のいいときの表情として表されることもある。あくびなども典型的だ。

犬のボディランゲージを理解するには、いかに前後のつながり、状況や背景（犬のメンタル・キャパシティなど）を考慮に入れなければならないか、こんな1シーンからも理解できるだろう。

揺れるものの上を歩く訓練

No.16

　アジリティ施設にも似た、数々の障害からなる特別の訓練場が、基地の中に備えられている。ただし、これは飛んだり越えたりの「ハンドラーと犬」が楽しいひとときを過ごすだけの施設ではない。これら障害の数々をこなすことによって、犬は単にバランス感を鍛えられるだけではなく、ハンドラーの判断を信頼することを学習するようになる。たとえば、このグラグラとした橋を渡る訓練をし、それが成功するたびに犬は「ほんとうだ、パパ！全然怖くなかったよ。パパがやれ！っていう事は、実は僕が考えるほど、怖いものではなかったんだね。それに、なんだかこの遊び、とても楽しいよ！」とハンドラーをますます信頼してゆくようになる。信頼は、すなわち安心感につながる。犬の自信は、ハンドラーと一緒に働くことで、よりアップする。「パパがいれば、どこに行っても安全だよ！」。これから犬とハンドラーが出されるのは、生きるか死ぬかという境界の状況である。互いの決断について信用をよせない限り、安全なチームワークは望めない。犬だけでなく、ハンドラーもまた同じく犬に依存する必要があるのは言うまでもない。嗅覚や聴覚に関する仕事（敵がまわりにいないかパトロールしたり、爆発物を探知するとき）において、人は犬の能力に及ばない。ハンドラーが犬の判断を信じる。そこには戦場で互いに助け合いながら働くチームメートの一体感が存在する。

　もっとも軍用犬に限らず、このようなバランス訓練というのは、犬の精神に安定感を与えられる上でも大事だ。この橋はつり下げられているので、乗っているとグラグラする。その不安定な土台で、どう後ろ脚を使うべきなのか、どの脚をどこに置いたらいいのかを、訓練を通して学んでいくことができる。自分の体に対して統制が取れるようになればなるほど、不安感は払拭され、より自信がついてゆくというわけだ。

　私たちだって同じだ。日頃から筋肉を鍛えていると、バランスのコントロールがしやすくなる。筋肉が体をいつも支えてくれるからだ。この安心感は、日常の気持ちの持ち方にすら影響する。体が余裕を持って、いかなる動きやバランスにも対応してくれるから、ストレスを感じることが少ない。これがすなわち精神の余裕と自信につながる。

　ただし、軍用犬は、ハンドラーに依存するだけではだめである。彼らは自分の判断にも自信を持たなければならない。時には独自で仕事を任せられる。バランス訓練は自信向上訓練でもあるのだ。

Chapter 5 軍用犬に見る、人と犬との本当の信頼関係

■ハンドラーとのアイコンタクトに注目

No.17

Aさん
ジップマン

No.18

ハンドラーのAさんは、常に犬の動向にずっと注意を向けている。犬も「早く、早く！」とコマンドを出されるのを待ち続けており、アイコンタクトを保つ。しかし、次のシーンを見てほしい。

ここがアジリティを競う犬たちとの違いだ。必ずしも、アイコンタクトを永遠に続けている必要はない。犬は前の状況を確認するために、目をハンドラーから外す。これは、多いに奨励されていることだ。この部分では、やはり犬は自分で判断を行い、どんな地形か確かめる必要がある。何もかもハンドラーに依存すればいいというものではない。依存と独立。これがうまくバランスよく入っていることが軍用犬として望まれる資質だ。

細い橋を渡る訓練

No.19

ジップマン

No.20

向こう岸にハンドラーのAさんがいる。しかし、ジップマンの耳はどうしてしまったんだろう！　よほど集中して橋を渡っているのに違いない。ペロリと舌を出した。しかし、彼らには「仕方ないからやる」「命令されるからやっている」という態度がまったくない。こんな資質も、普通の家庭犬とは異なる。彼らは新しい"遊び"が大好きだし、新しい挑戦に対して自分を鞭打ったり、いじける様子もなく、むしろ気持ちたくましく楽しもうとする。軍用犬として選ばれる犬たちの典型的な特徴だ。犬種の中でもマリノアが特に軍用犬として適しているのは、彼らの強い精神力のためである。

きちんと渡りきったら、ご褒美。ハンドラーのAさんは、クリッカー、ボール、ダミーなど様々なものを、ご褒美として使う。引っ張りっこしながら頭や耳を触る。こうして犬は、どんな風に人間に手荒に扱われても、びっくりしないことを学習する。戦場のような究極の状況では、ありとあらゆることが起こるのだ。いつも「やさしく扱う」なんて悠長なことは、言っていられないときもあるはずだ。

No.21

シーソーの訓練

アジリティでおなじみのシーソーも、バランス感覚を養うのにとてもいい道具だ。家庭でも試してほしい。なにもアジリティ用のシーソーなどをわざわざ高額を払って購入する必要はない。板の中心点の下に土台を置いて作れる。特に小型犬なら小さな板でも十分だし、室内で楽しめることができる。

No.22

ヘリコプターに乗る演習

人間に抱かれたり、持ち上げられたり、そして不安定な場所を歩く、といった訓練を経て、そしてハンドラーとの間に信頼関係を作った後に、ヘリコプターに乗る訓練が何回か行われる。

写真の犬は、Kさんに抱かれるオヴェリックス。これが2回目。しかし、ハンドラーを信じているので、怖がっていない。口を大きく開けているが、ストレスによってハァハァさせているのではない。ストレスであれば、舌がもっと下がっている。それから目にも恐怖感は見られない。単に、犬はこれからどうなるのだろう、と気持ちを集中させているだけだ。

そしてKさんの穏やかな顔にも注目。ここではハンドラーの膝の上にコンパクトにまとまっていることが要求される。

Chapter **5** 軍用犬に見る、人と犬との**本当の信頼関係**

No.23

怖いなぁ

ジップマン

　この犬はAさんのジップマン。ヘリコプター演習は今日がはじめて。耳がぴったりと伏せられている。この場合「怖いなぁ」という感情を見せている。彼の向こう側にいるKさんに抱かれている犬、オヴェリックスの耳の倒し方と比較してほしい。彼の耳の倒し方は、ジップマンほど強くない。彼が耳を倒しているのは、ヘリコプターの中に入ってくる強い風のせいである。

No.24

　Kさんの犬は、はじめから終わりまでまったく表情を変えることがなかった。ハンドラーを信じて、リラックスをしている証拠だ。

■ 文・藤田りか子

　カメラを撮影するために同乗していた私（藤田）は、ヘリコプターの搭乗ははじめてであった。単なる運搬としての飛行ではなく、さすが軍の演習だ。急に高速度で落下してみたり、機体をうんと斜めに倒してみたり。もし通常こんな経験をしたら、私は失神をするほどの恐怖に見舞われていただろう。しかし、操縦している人が実際に戦地に出ており、ベテランのヘリコプター士であるというのを分かっていたから、操縦の腕に関しては安心しきっていて、まったく恐怖心というものがなかった。おそらく、犬がハンドラーに対して感じる「信頼感」というのも、かなり似たものではないかと思う。相手を信じていれば、たとえはじめてのものでも怖がる必要がないということだ。

5-4 いよいよ防衛訓練へ

防衛欲から攻撃欲、そして狩猟欲を引き出す、軍用犬訓練者のボディランゲージ読解力

　以下に見せるのは、敵から身を守るための、軍用犬にぜひとも大事な防衛訓練です。

　犬の攻撃欲は、最初から"最高値"に保たれているわけではなく、これも訓練と自信によって培われます。ただしそれを育てるには、ヘルパー（襲う役をこなす人）の、犬の反応を見て理解する"読解力"が多いに物をいいます。

　犬を脅かし、防衛欲からうまく攻撃欲を引き出さなければならないのですが、うっかり脅かしが過ぎれば、犬をだめにしてしまうことも。日頃から、犬の反応とそれが出される寸前のシグナルを読める訓練を、ハンドラーも行っていなければなりません。

　この意味で、軍用犬ハンドラーと私たち飼い主の役割はまったく変わりがないものであることが理解できるでしょう。私たちが何をしたら、犬がどう反応するのか？　それを見る目を養わなければ、決して犬を十分に理解することなどできませんから。

訓練開始

No.1

　ハンドラーのPさんとヴェラが、防衛の訓練をしているところ。閉じていた口が、徐々に開いてゆく。ヴェラは、ヘルパーをぐっと見て、観察しているところだ。

Chapter 5 軍用犬に見る、人と犬との**本当の信頼関係**

No.2

あっちへ行け！

いよいよ、ヘルパーが近づいて来た。まだヴェラには攻撃的な態度は見えない。どちらかといえば「あっちへ行け！」というシグナルとしてヴェラは吠えた。すると…。

No.3

相手は止まってくれたではないか！ こうして、ヴェラは自分の吠える威力というものを学んでゆく。ヴェラのハンドラーも後ろから彼女を褒める。

No.4

ヘルパー
（襲う役の人）

もう一度、ヘルパーは近づいてゆく。

No.5

すると吠えはじめた。しかし、まだまだ完全な攻撃的態度には達していない。

No.6

この時点だ！ ヴェラはもっと口を大きく開けて吠えはじめた。

No.7

「あっちへ行け！あっちへ行け！」

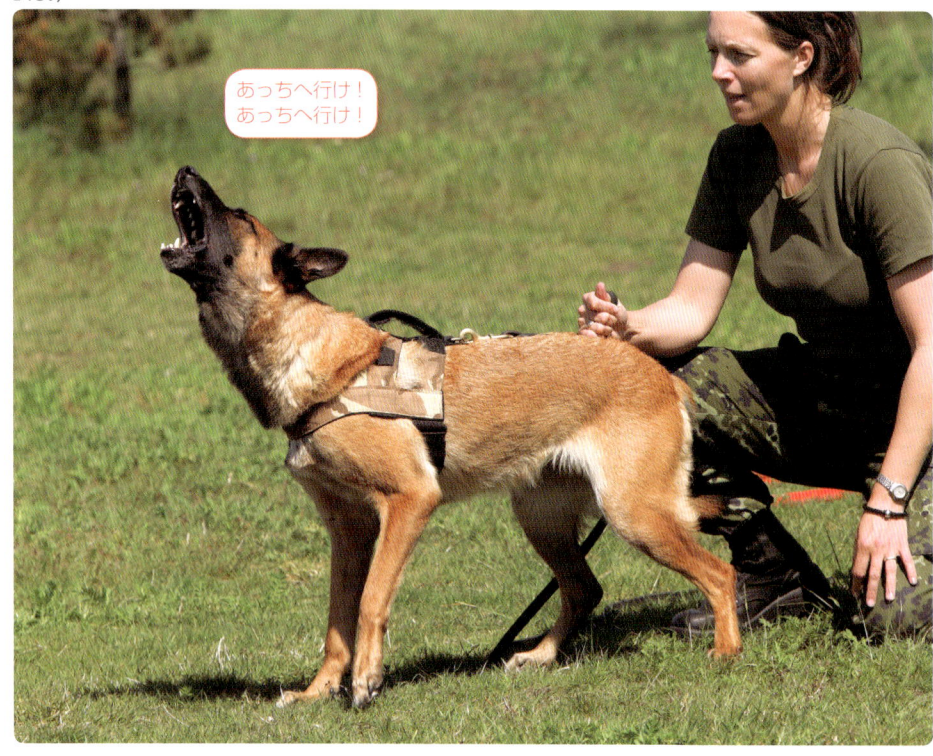

「あっちへ行け！あっちへ行け！」とは吠えているものの、この時点では警告にすぎず、まだ本来の攻撃性を発揮していない。相手を見つめずに、目をつぶり、宙に向かって吠えている。尾も下で保持されている。

No.8

ただの警戒から、だんだん気持ちが乗って来た！　口角が前に寄り、尾を上げているのも分かる。いよいよ、攻撃的な態度に出るところである。

Chapter 5 | 軍用犬に見る、人と犬との本当の信頼関係

さらにヘルパーが近づく

No.9

No.10

　いよいよヘルパーが近づくと、ヴェラは飛びかかった。口角が後ろに引かれているのは、歯を見せているためだ。耳は立ち、目はもっと見開かれている。尾はさらに上がる。攻撃欲を見せている。

　警戒だけの吠え声を出している時点の（写真No.7）と比較してほしい。この写真では、目はアーモンド状で、まだ本腰に入っていなかった。

　ヘルパーの姿勢によって、ヴェラは時に「警戒心」が勝っているボディランゲージ、「攻撃心」が勝っているボディランゲージを交互に見せた。しかし（写真No.10）では、攻撃欲が断然勝っている。どんどんヴェラのテンションが高まってきたようだ。ただし、両耳が開いているところを見ると、まだまだ攻撃欲に弱い。本当に怒っていたら、おそらく耳の間はもっと狭まっていたはずだ。

No.11

あっちへ行け！

2度目の脅しをかける

　犬の攻撃心への盛り上がりは、徐々に培われる。2回目にヘルパーが脅しをかけると、今度はいとも簡単に攻撃の行動を見せるようになった。しかしまだまだ、ヴェラには「あっちへ行け！」という警戒のボディランゲージが見受けられる。目が相手に定まっていない。体の重心もやや後ろにかかっている。

No.12

3度目のトライ

　さらに攻撃心が高まる。口角は前に寄り、尾がさらに上がる。だが、まだ重心が後ろに残されている。首を下げ、マズルを上げているという点でも、攻撃的態度100%には至っていない。

ヘルパーの観察眼が重要なカギになる

　防衛訓練のヘルパーというのは、犬のボディランゲージを読むマスターでもある。こうして、犬の攻撃欲をどんどん引き延ばすことができるのは、ヴェラの徐々に高まってゆく攻撃心を途中でくじくことなく読み取っているからだ。第1段階から2、3段階に分け、休み休み徐々にヴェラの気持ちをあおってゆく。最初から彼女に近づきすぎると、今度は恐怖心をもたらす。ここで止めよう、というちょうどいい頃合いを見計ることができるのは、ボディランゲージを読めているからこそ！

Chapter **5** 軍用犬に見る、人と犬との**本当の信頼関係**

No.13

前の写真で体を一旦落として弾みをつけ、(写真No.13)で相手に飛びかかろうとする。

No.14

私逃げるけれど、追いかけてこないでよ！

ヘルパー

ヴェラ

　まだ、ヴェラの攻撃心を見せるジェスチャーは「あっちにゆけ」シグナルだ。これは「私逃げるけれど、追いかけてこないでよ！」という意味でもある。この状態から、「こん畜生、お前なんか引き裂いて殺してやる！」という正真正銘の攻撃心にまで、ヘルパーはヴェラの気持ちを誘導してゆく。しかし、まだまだヴェラには訓練が必要だ。

　もっともヴェラは防衛を行わず、爆発物探知犬として活躍するのみなので、それほど防衛訓練から期待しなくてもよい。彼女には、相手を追いかけてまで攻撃して捕まえるという攻撃欲はあまりない。脅かされても、ひたすら自分を守ろうとするのだ。

No.15

ヘルパー
（トーマス）

ここまで怒りを誘導すれば上出来！　ヘルパー役のトーマスはここで背をむけ、その場を去る。

　すると…、ヴェラは相手の行方を見ている。その心境はおそらく「え？　わたしってば、あいつを撃退したんだ！　やった〜！」。これが、いわばヴェラへのご褒美である。自分の見せた怒りの行為は功を奏した、ということが学習されてゆく。

　このような防衛訓練では「あっちへ行って！」という防衛の怒りから、「噛み砕いてやる！」という真の怒り、そして次に、狩猟欲による噛み付きに発達させていかなくてはならない。それをうまく引き出すのは、一重にヘルパーの役にかかっている。私が今まで出会ったヘルパーの中でも、トーマスはとても素晴らしい。それは彼が犬を上手に読み、そして扱うことができるからだ。

　これら防衛欲そして狩猟欲の要素はすべての犬が持っているものであるが、どうそれらがうまくブレンドされているかで、軍用犬および警察犬になれるかなれないかの違いがでてくる。その配合具合が生まれつきいいのが、やはりマリノアやジャーマン・シェパードといった典型的な近代職業犬なのである。たとえばレトリーバーが、（写真No.14）で見たようなヘルパーの脅威にさらされたら、彼らは戦うより逃げる方を選択する。これは、レトリーバーが犬として劣っているのではない。鳥猟犬という犬種の歴史のために、強い防衛欲／攻撃欲を持つ犬は、むしろ淘汰されてきたという事実にすぎない。仲間と一緒に猟をする犬があまりにも防衛的であったら、見つけた鳥をめぐってテンションが増したりケンカをするかもしれない。それでは、楽しい貴族の狩猟が成り立たないではないか。

No.16

え？　わたしってば、あいつを撃退したんだ！やった〜！

Chapter 5 軍用犬に見る、人と犬との本当の信頼関係

No.17

先の写真（写真No.15）から、トーマスはほとんど動いていない。わずかに前に出ただけだ。すると今度は、かなり本物の攻撃心を見せるようになった。頭を下に落とし、歯をむき出し、耳は立っている。

■さらに攻撃欲から狩猟欲へ

No.18

これら防衛をしようとする際に、表れてくる攻撃欲を利用し、さらに、攻撃欲から狩猟欲に犬をもってゆく。そうすることで、犬はがっちりと防衛片袖を噛んでくれる。防衛欲による咬み方は、前歯で噛むだけ。しかし狩猟欲に基づくグリップは、奥歯でしっかりと噛む。防衛欲が狩猟欲に変わってくると、犬はピッチが高い（間隔の狭い）声で吠えはじめる。

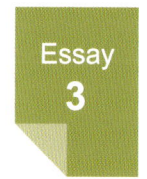

Essay 3　敵対心と狩猟欲のシーンを比べてみよう

防衛訓練のあの噛み付きは、結局狩猟欲によるもの

防衛訓練でよく見るこのシーン。実は、左のテリアが狩猟欲を見せてキツネの尾に噛み付いているシーンと変わりないのがわかるでしょうか。犬は敵対心というよりも、獲物にくらいつくファイト欲と狩猟欲を使って、この技を行っているのです。

狩猟欲で噛み付く軍用犬

同じく狩猟欲でキツネの尾に噛み付くテリア

犬にとっては楽しい、狩猟ゲーム「防衛訓練」

　犯人を襲う襲撃行動は、一見英雄的にも見えるし、あるいは恐ろしげにも見える。上写真（左）のヘルパーを勤めるトーマスさんは、軍用犬の襲撃行動を利用してアフガニスタンで何度か敵から命拾いもした。

　しかし訓練する側で見ると、これらの行動は犬の狩猟欲を利用しているのに他ならない。この点では、写真のキツネの皮に食らい付くテリアとまったく変わりがない。そう、軍用犬や警察犬は、相手を憎しむが故に噛み付いているのではないのだ。人間は、犬という食肉動物が持つ狩猟欲を利用して（かつ防衛欲と上手にブレンドさせながら）、相手を襲わせるという技を犬に学習してもらっている。

　「怖い」「守りたい」がモチベーションとなる防衛欲と異なり、狩猟欲は犬が自ら進みでて「食べたいぞ！」だから「噛み付いて殺してやる！」というより積極的な気持ちがベースにある。ただしその欲は、必ずしもお腹がすいているときに高まるというわけではなく、犬の基本的感情のひとつとして備わっている。生きる手段であるからこそ、お腹がすいていなくても、機会があればその欲は常に大きく発揮される。だから狩猟欲を発揮するときの犬は、とても嬉々として幸せだ。

　しかし前述したように（P79の写真No.10）、狩猟欲を使って訓練をするならば、適度に休みながら行わなければならない。これはアジリティ訓練にも言えることだ。さもなければ、犬は慢性ストレス状態に陥ってしまう。

　もっとも軍用犬の訓練のうち80％は、爆発物探知など、嗅覚を使ってサーチする練習に時間が費やされる。これは丹念さと集中力を要するものであり、血走った衝動的状態では決して上手く遂行することができない。軍用犬の訓練は確かに厳しいが、彼らはとてもいい精神的バランス状態で、その職務をこなしていると言えるだろう。

BODY LANGUAGE

Chapter 6 犬のマッサージと
行動カウンセリング

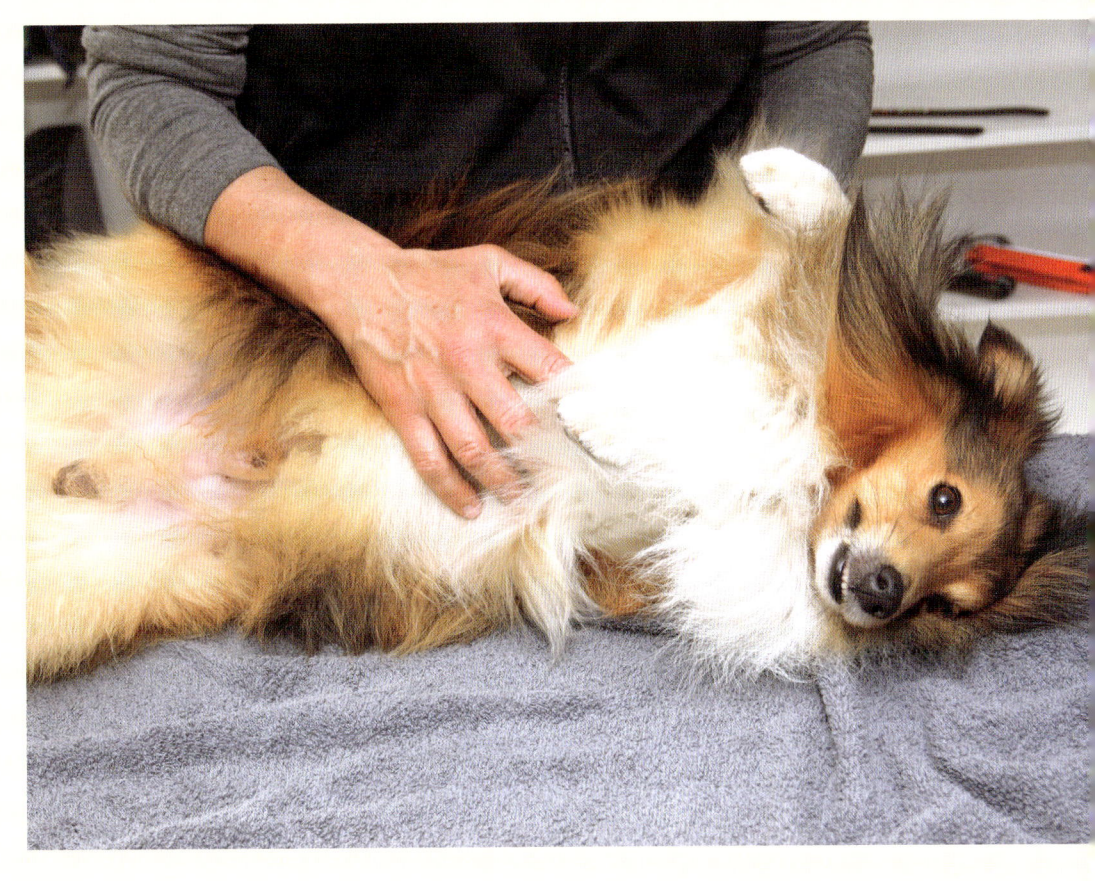

■ 手術後のリハビリとして通うヘンリーの場合

■ スポーツドッグの定期的健診として
通うフレイの場合

BODY LANGUAGE
犬のマッサージと
行動カウンセリング

6-1 体の痛みから起こる問題行動

ストレスの原因になるもの

問題行動、特に攻撃的（と飼い主が感じる）行動は、必ずしもその犬の社会的経験やトラウマ、恐怖感といったメンタルなあるいは遺伝性の要因だけでなく、時に体の痛みやそれによって引き起こされるストレスに起因することもあります。攻撃行動を見たら、まずは体の痛みを疑え、というのは、多くの犬の専門家が経験的に知っているところですが、これは今や学問的にも証明されています。スペインのバルセロナ大学による2012年に発表された研究[注1]では、獣医に連れてこられた問題行動（この場合攻撃行動）をもつ12匹の犬たちすべてが、股関節形成不全などによる痛み（特に背の痛み）を伴っていたということでした。

それほど体の健康状態が、犬の感情と行動に影響するというわけです。ですから私は問題犬のコンサルトをする際には、必ず獣医師のところでまず身体的に何か問題があるかどうかチェックをするように、飼い主に勧めます。もし何かが発見されたら、獣医師の元での治療と平行しながら、問題行動のカウンセリングを行います。

行動コンサルティングに欠かせない要素

獣医師との協力だけでなく、私は犬のマッサージそしてカイロプラクティックも、問題行動のコンサルティング・プログラムに大いに取り入れています。というか、私は、犬の行動コンサルティングをするのであれば、「獣医、マッサージ、カイロプラクティック　行動コンサルト」はすべて、統合すべきだと強く信じています。

実は、犬全体の60％もが背骨になんらかの問題があると言われています。（なんと人間も同様です。しかし、問題があっても痛みに気づかない人も多くいるのだそうです）。犬は小さい痛みであれば我慢して、ほとんど何も表情や行動に表しません。明らかな痛みとして人に感知されるほど病状が発展する前に、日ごろからマッサージ師やカイロプラクターのところで触ってもらい、筋肉のつき方や骨格の小さな変化を発見してもらうのも、身体と精神の健全を保つうえでとてもいい健康管理方法でしょう。問題犬になっている、いないにかかわらずです。

体の痛みによって引き起こされる問題行動というのは、たとえ痛みがなくなっても、そのまま行動パターンとして抜けきれないこともあります。だからこそ、子犬の頃にすでに背骨に異常がないかどうか予め発見しておくというのは、長い目で見て問題行動のよき予防にもなります。

マッサージとカイロプラクティックの違い

マッサージとは、緊張した筋肉を揉みほぐし、血行を良くしたり、リラックスするために行います。これは、骨ではなく、筋肉にアプローチするもの。体のどこに問題があるのかを、マッサージで探っていきます。いわば、健康を維持するためのメンテナンスであるときもあれば、リハビリの治療として使われることもあります。

カイロプラクティックでも、筋肉を緩めるために揉むことがありますが、それは主目的ではありません。骨格や体の歪みを正したり、神経の伝達をスムーズにさせることなどで、痛みやコリなどの問題の原因を取り除いていきます。そのため、より包括的に神経、骨格、筋肉、内蔵の機能を理解しなければならず、高度な知識が求められるわけです。そしてマッサージとカイロプラクティックは、互いにないものを補うという意味で、同時にリハビリ療法として使われています。

動物のカイロプラクティックについてきちんと教育を受けていない限り、私は絶対に副業としてやっている人、あるいは人から動物に転業した人にかかることはすすめません。なぜかというと、人間と犬では体の作りがまったく異なります。人間は2足で歩き、犬は4足。私のクリニックでコラボレーションをしてくれているジェイコブ・アンデルセン獣医師は、獣医学の他にアメリカでカイロプラクティックを勉強した人ですが、こう言っています。「人間のカイロプラクティックにおけるタッチは、犬には強すぎます。あそこまで、犬を強く押さなくてもいいんですよ」。それから、犬種によって犬の体型はまちまちです。それによって構造が異なります。その知識も、持っていなければなりません。

注1) Tomás Camps, Marta Amat, Valentina M. Mariotti, Susana Le Brech, Xavier Manteca. Pain-related aggression in dogs: 12 clinical cases. Journal of Veterinary Behavior: Clinical Applications and Research, 2012; 7 (2): 99 DOI

Chapter **6** 犬のマッサージと行動カウンセリング

6-2 ボディ・ストレスを軽減するマッサージ

ヘンリー

手術後のリハビリとして通うヘンリーの場合

　私のクリニックとコラボレーションをしてくれている犬のマッサージ師、パニラ・ニィヒュースさんに協力を得て、彼女のクリニックと犬の様子を取材してみました。そこでマッサージを受ける犬たちの表情を読んでみたいと思います。
　そしてマッサージの効果について、パニラさんに伺ってみました（インタビュアーは藤田りか子が担当します）。

No.1

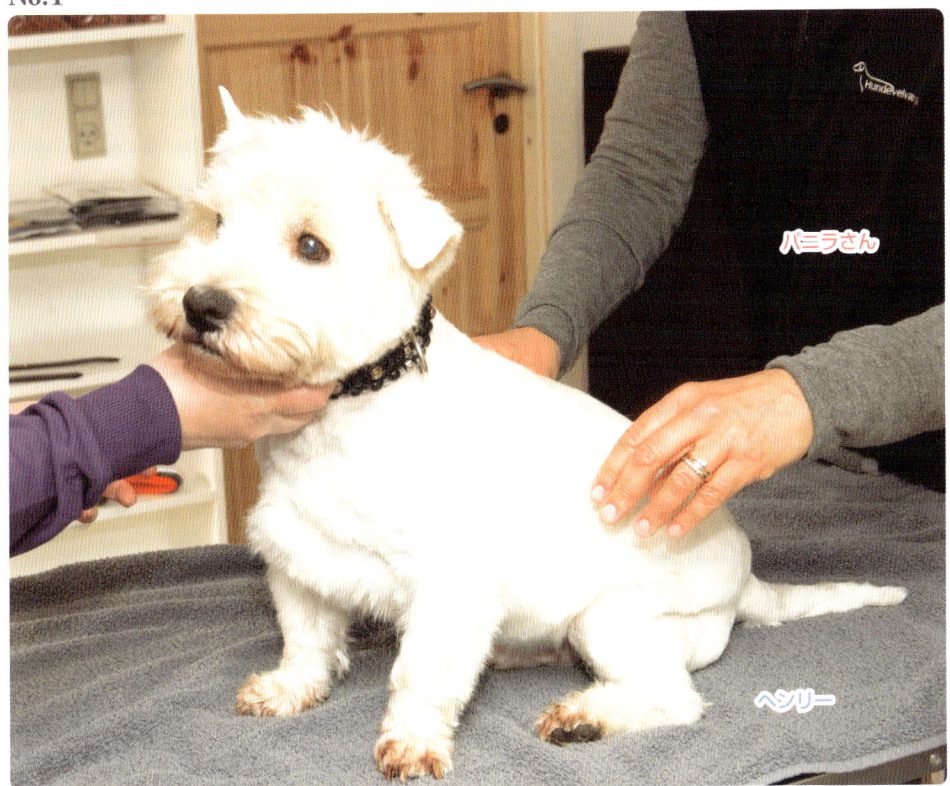

パニラさん

ヘンリー

ウェスト・ハイランド・ホワイト・テリアのヘンリー。9歳。彼は前脚に関節炎を起こし、膝蓋骨脱臼の手術を9カ月前に行ったので、そのリハビリとして月1回のマッサージを受けている（手術以前からも定期的にメンテナンスとして、すでに3年間通っている）。なので、彼のこの表情。このテーブルには慣れている顔つきだ。心配もしていなければ、怖がってもいない。なんとも中立な心持ち状態。
マッサージは必ずこのウォーミングアップからはじまる。血行を促すためだ。

No.2

突然頭を横にそらした。彼の表情には何も恐怖心がないので、カーミング・シグナルではない。パニラが触ったところに、何かを感じたのだろう。

藤田（以下F）：犬が嫌がっているというのは、顔を傾けたり、舌を出すとか、そんな微妙なシグナルから読み取って、それに従ってマッサージをしているものなのですか？

パニラ：そうです。犬の微妙なシグナルを読んで、本当に嫌がって怒りだす前に対処することです！　この能力は行動コンサルタントだけでなく、マッサージ師およびトリマーにも大事な能力です。私はマッサージ師になるにあたって、犬の行動を勉強するセミナーに何回か通いました。

F：今まで、犬に咬まれたことは？

パニラ：全くないです。

ヴィベケ：私には、パニラがなぜ犬に咬まれたことがないのかわかりますよ。だって、あなたの動きはとても穏やか。だから犬にもその穏やかさが伝わるんです。もし、セカセカとした動きをしていると、そのセカセカ感が犬にも伝わる。瞬時にして犬の気持ちが高ぶってしまう。すると、犬の動きも早くなって、ガガッと咬むことがある。

パニラ：ある犬がゆっくりと顔を背け、そして私の手をそっと噛んだことがあります。犬は最初はそんな風に割合穏やかなシグナルで、人間に警告を出してくれているもんなんです。穏やかすぎて、犬のボディランゲージに慣れていない人には気づきにくいかもしれません。しかし、そこを読み取って、すぐにその場所を触るのをやめるなど対処すること。それが私は上手なのだと思いますよ。

No.3

パニラさんの姿勢を見てほしい。決して前かがみになって犬と接していない。犬は、上から何かに覆われている感じをとても嫌うものである。マッサージをする上で犬を怖がらせないよう、人間がポジションを絶えず気にするというのは大事なことだ。

F：なぜ、犬にマッサージなのですか？

パニラ：私は主に、手術後のリハビリとしてマッサージを行っています。弱ってしまった筋肉を揉みほぐして、より使いやすいようにする。獣医師での治療と平行して、さらにヒーリング効果を倍増させるというわけです。

ヘンリー（写真のウェスティ）に関していえば、彼は前脚に関節炎を患っているために、痛さから前脚をかばおうとして歩く。そのために筋肉のある部分がとても「凝って」しまっています。それを私が揉みほぐしてあげるというわけです。

ヴィベケ：私は問題犬に対処するときに、行動治療を行う前にまずマッサージからはじめろと言います。というのも、マッサージによって体がリラックスすると、ストレスレベルも落ちてくる。ストレスが高いと、犬は完全に盲目状態。何を教えても学習できません（人も同じで、焦っているときに何かを覚えようとしても、まったく学習できない）。というわけで、まずは学習できる脳環境をつくるためにも、マッサージはいいというわけです。

F：健康な犬に、ヒーリングとしてマッサージを行うというのは滅多にないのですか？

パニラ：もちろん、健康な犬もウェルカムです。というか、もっと健康な犬もマッサージに時々来るべきだと思うんです。飼い主が健康だと思って気がつかない場合があるから、できるならマッサージによる定期検診というのはいいと思いますよ。たとえば、今までソファに軽くジャンプしていた犬が、突然それができなくなってしまった。これは、痛みを持っているというサインですね。しかしマッサージ師にかかっていれば、筋肉のつき方なんかをチェックしてもらえるから、痛みの早期発見が可能です。たとえば片方の脚の筋肉がもう一方の脚のそれよりも落ちているといった異常を、触って探知することができる。もし異常を発見したら、私はまず獣医での更なる検診を勧めます。

F：マッサージというのは、根本的にどんな効果を及ぼすのですか？

パニラ：結局マッサージというのは、体に対して外から力を加えることでなんですね。これによって静脈内の血液やリンパ液の流れを促進します。リンパの流れを促進させると、疲労の回復につながるということは、人間のマッサージの経験からもご存知でしょう。リンパ液は体の中にある老廃物を運んだり、排泄するための役割を担っています。

Chapter 6　犬のマッサージと行動カウンセリング

それは犬にも同様にいいわけなのですね。また、筋肉を適度に揉みほぐすことによって、過度な緊張を解く効果もあります。ストレス気味な犬にはマッサージを施すといい効果がでる、と言われるゆえんです。

F：健康を害している犬だけでなく、気持ちの問題を抱えている犬にもマッサージは有効ということですか。

ヴィベケ：以前、私のところに、アルコール依存症の飼い主の元で飼われて虐待を受けたのち保護された犬がやってきたことがあります。新しい飼い主は、その犬のトラウマ（虐待の恐怖心）に起因する問題行動を直したかったのですが、私は同時にマッサージを勧めました。以前の飼い主にいつも引っ叩かれて、体はストレスにさらされ、どこもかしこも強ばっていたのですよ。しかし、そんなひどい虐待生活を生き抜いた犬ですから、ある意味なんでも受け入れられるメンタル・キャパシティを持っていた。だからマッサージもすんなり受け入れられ、体と気持ちが同時に癒されました。もちろん行動のカウンセリングを行いながらです。そしてみるみるうちに、精神的にそして身体的に、健康な幸せな犬になってくれました。

パニラ：ストレスを原因に問題行動を起こす犬は、筋肉が絶えず緊張状態にあるので、概して体が硬くなっています。悪循環で、体が硬いから、より気持ちの上でもリラックスするのをむずかしくしている。だから、マッサージを続けてゆくことで、ストレス状態にある心をだいぶ楽にしてあげることができる。最初のセッションではまだ緊張しているのですが、そのうち慣れて、4回目ぐらいからは筋肉をほぐしてあげることができる。そうなると犬たちも気持ちよいと感じるようで、よりリラックスすることができる。そして飼い主も、犬がどんなに落ち着きはじめたか、家に帰って気がつくようです。

F：しかし、きっとマッサージだけでは、問題犬の行動がすべて解決ができるというわけではありませんよね？

ヴィベケ：その通りです。もしストレス問題を抱えている犬が私のクリニックに来たとします。すると私は行動の専門家として、まず、なぜ犬がストレスに陥っているのか原因をつきとめます。そして飼い主と一緒に、いかにストレスの原因となるものを取り除くか、という問題解決を行います。

その中でマッサージ師の役目というのは、物理的に体をほぐしてあげること。少なくとも、これで身体のストレスを軽減してあげれる。となれば、より気持ちも楽になる。

マッサージによって「幸せ」ホルモン、すなわちオキシトシンが放出されます。やさしく撫でられたときに出されるホルモンです。

F：簡単に治したい、というのは人間の自然な気持ちなのでしょうね。90年にテリントン・タッチ（※）が登場しました。マスコミは、このタッチだけで問題行動犬が治る、というような誤解を招く解釈をしていたのを覚えています。

（※）テリントン・タッチとは、長年の馬のトレーナーであるリンダ・テリントン・ジョーンズが、人間のためにあったボディワークを馬に応用したことからはじまったタッチ・セラピー。

パニラ：テリントン・タッチは、私も多いにマッサージの中に取り入れています。テーブルで伏せをしてくれない犬に対して、背中をこの方法でマッサージしてあげました。排出器官の働きがとたんに活発化され、とてもいい効果を出したのを覚えています。

F：テリントン・タッチは、プロの間だけでなく、普通の飼い主の間でとても人気のようですが、素人がやっても犬に影響はないですか？

パニラ：このタッチは、撫でるように触るもので、圧力を加えることがない。だから、たとえ素人が間違ったやり方をしても、犬に影響することはないですね。ただしマッサージに関しては、いい加減な知識で行うものではありません。私はもともと理学療法士として働いていました。しかし、その後、スウェーデンに渡り、犬のマッサージ師としての勉強をしました。理学療法の知識は、マッサージ師になる上で絶対に必要です。

F：パニラさんは、犬のマッサージ師になる上で、どんな教育を受けられたのですか？

パニラ：スウェーデンは、人間および犬のマッサージについて世界的に進んでいる国なんですよ（スウェーデン・マッサージという言葉があるぐらい）。私が通ったのは、そこのとある私営の専門学校です。1回のセッション（受講期間）が10日間で、それを3回受けますから全部で30日間。講義を受けながら、かつ実際に犬をマッサージするなど実践も教育に含まれています。セッションとセッションの間には、もちろん課題が出され、生理学や解剖学についてのレポートを書かされました。マッサージの実践をする場合は、扱う犬ごとに記録もつけさせられましたね。かなりタフな教育ですよ。結局、最後に論理の試験と実践の試験を受けてパスしましたが、1年かかりました。

No.4

マッサージをする場合、犬は立っていてはいけない。筋肉がリラックスしないからだ。まずは座らせる。ヘンリーの唇が長くなっている。頭が下がる。たぶん、パニラが触っている部分に、何かを感じているのかもしれない。

No.5

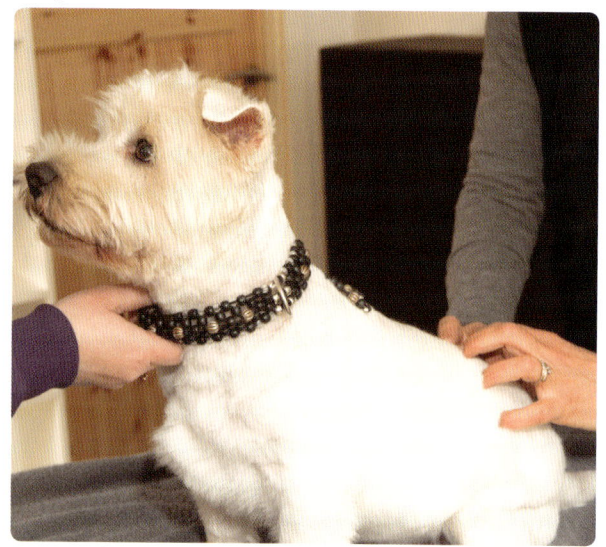

ここですかさず、パニラは手をお尻のところに移した。

No.6

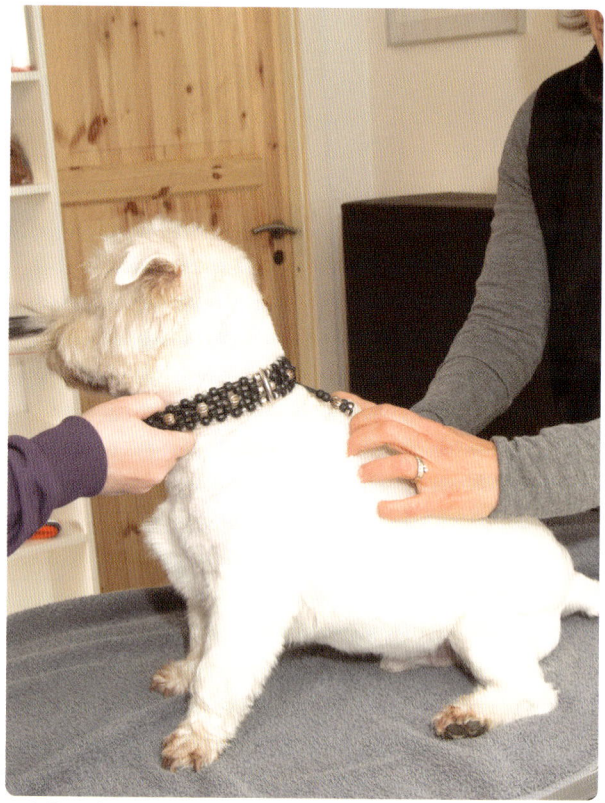

もう一度、肩の部分を触ると、案の定だ。頭を背けた。(以下のパニラのコメントを参考にしてほしい)

パニラ：ある部分に触れます。もし少しでも痛みを感じると、犬はほんのわずかなシグナルを出して痛いという感情を表現します。それはつまり、「そこはいやだよ」と訴えているようなものですね。これを即座にキャッチするのが大事です。私がマッサージ師の経験の中で一度も噛み付かれたことがないのは、「いやだ」という感情を意味するシグナルを初期に探知しているから。噛みつくまでに、犬はそれこそたくさんのシグナルを出して小さな不快感を表現しているものです。

　もし、ある部位で犬が嫌だという表現を見せれば、私は、別の場所をマッサージしはじめます。やさしく触って、犬をすごくいい気持ちにさせてあげる。そこで、また先ほどの場所に戻って、ゆっくりマッサージをしてあげます。もちろん、これでうまくいくときもありますが、いかないときもあります。うまくいかない場合は、無理してまで揉むことはありません。

Chapter 6 犬のマッサージと行動カウンセリング

No.7

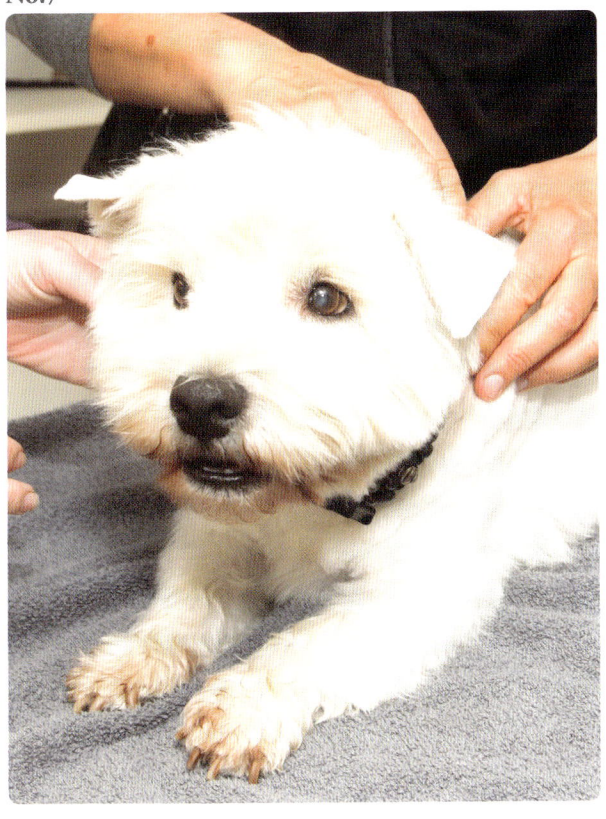

パニラ：たとえば、ヘンリーは仰向けにさせられるのがいやです。ですから彼には絶対に無理強いをさせません。もし、犬がされたくないことをこちらの力づくで行ってしまうと、ストレスを与えてしまうことになります。それでは体が強ばり、マッサージの効果が半減してしまうのです。

No.9

再びパニラは、ヘンリーがどうも気になる肩の部分のマッサージを試みた。やはり、何かを感じるのだ。舌をペロリと出した。

No.8

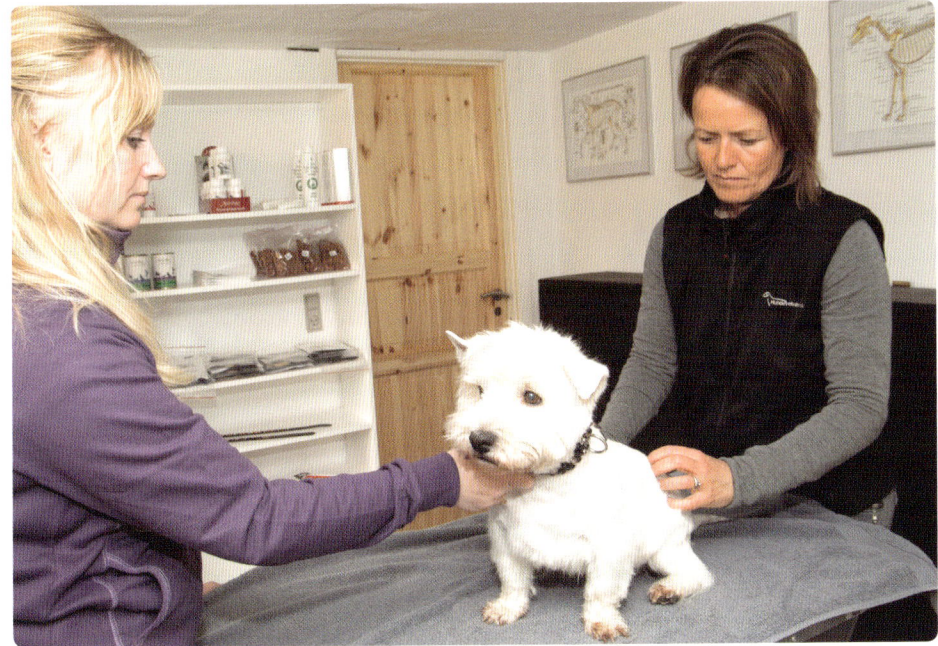

このとき飼い主は、穏やかに犬に話しかけてあげるだけでOK！ 決して「痛いよねぇ、我慢しようねぇ」などと同情に満ちたトーンで話さないこと！ はしゃいで話すのもだめである。

No.10

No.11

No.12

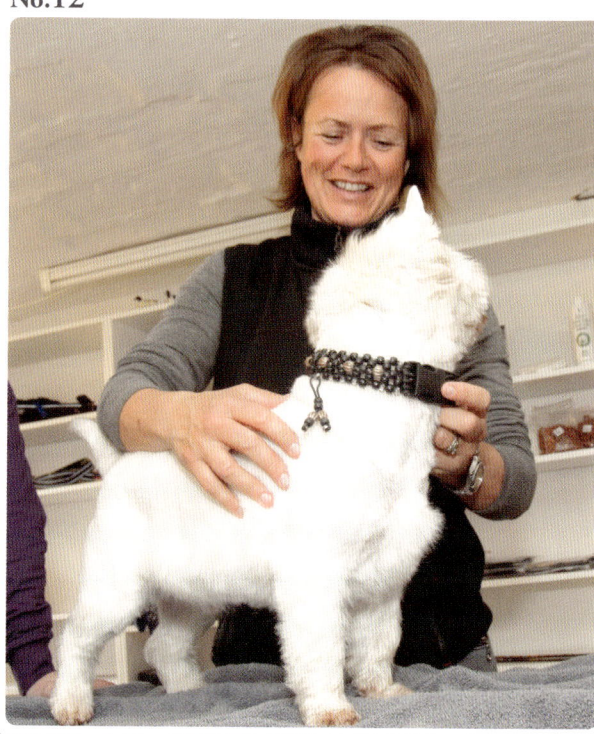

この連続写真にて、バニラのフットワークに注目してほしい（これら3つの写真は20秒の間のできごと）。ヘンリーは痛さが気になるのか、フセをしていたにもかかわらず動きはじめた。そしてバニラが、その動きに上手に従う。そのとき、どれだけ気持ちに余裕をもって（彼女の顔の表情から察することができる）犬に接しているか、これはまさにお手本。そして彼女の動き自体がとても落ち着いて、穏やか。だから犬に安心感を与える。せわしない動きをしては、それが犬の気持ちに伝播してしまう。

Chapter 6　犬のマッサージと行動カウンセリング

No.13

　やっと！ヘンリーはずいぶんリラックスしはじめた。マッサージの快い効果は明らかだ。おまけに、今や彼女の手は肩の部分にあるのだ。そして、それに反応せずに気持ちよくマッサージを受け入れている。

　ちなみに（写真No.14）では、ヘンリーの耳は両方とも垂れている。リラックスしているからだ。なにか気持ちが動じると、彼は片耳だけを上げる癖があるようだ（P103の写真No.8を参照）。このように、犬の個性によってボディランゲージの表現の仕方は様々。これを素早く察するのも、犬を扱う者として大事な能力。

No.14

パニラ：マッサージの直後、犬は非常に疲れてしまうものなんです。マッサージによって、体の内蔵器官、内分泌系が刺激を受け、様々な生理反応が起こるからです。時に、マッサージの途中でトイレに連れて行かなければならないことも！　老廃物の流れがよくなり、尿を催させてしまうのです。ある飼い主は「こんなに黄色いオシッコを見たことがなかった！」と言っていました。消化器官を非常に刺激してしまうので、下痢気味である犬には、かえってマッサージは勧められませんね。

6-3 ボディ・ダメージを軽減するマッサージ

犬界のアスリートたちにマッサージ

　人間の運動選手はもとより、競争馬たちは、マッサージを受けて最高のコンディションに維持されているものです。常に最高のパフォーマンスを問われるのだから、体にとっては必ずしも自然とは限らず、なかなかハード。それゆえ、外からの力を借りる必要があります。つまりマッサージやストレッチングによって血流をスムーズにして、機動性を高める。これは、意外に犬の世界では忘れられていることのようですが、スポーツに携わるのなら、犬にとっても必須。マッサージ／ストレッチングはケガを防止し（固まった筋肉では伸縮性がないため）、そして筋肉にたまった乳酸（筋肉に蓄積される疲労の元になる）の除去と栄養の吸収を早め、疲労回復をうんと早めてくれるでしょう。

　それだけでなく、犬は気分よく次の仕事に取りかかれるというわけで、私たちと気持ちよく協調作業をこなせる、これもまた飼い主への信頼作りにつながります。やはり犬も心身ともに気分がよくないことには、協調作業からの喜びを100％感じることはできません。

　ここに紹介するシェルティのフレイは、アジリティ大会で日夜がんばる、典型的な競技会スポーツドッグ。バニラさんのところで定期的にマッサージとストレッチングを受けています。

スポーツドッグの定期的健診として通うフレイの場合

No.1

フレイは、なんとアジリティ・チャンピオンも獲得したことがあるスポーツドッグ。彼の飼い主は、日頃のハードなトレーニングによってフレイの体にダメージを与えないよう、定期的にマッサージを与えている。

バニラ： 特に彼のようなアクティブなスポーツドッグは、定期的にマッサージを受ける必要があります。毎回触って思うのですが、同じところの筋肉が痛んでいるんですね。きっと彼独特のジャンプのときの動きというものがあって、そこにストレスがかかってしまうのでしょう。

しかし、毎度のこととはいえ、最初はいつもこの通り。フレイはあまり、うれしくはなさそうである。顔は緊張している。シェルティはウェスティと比べて、やはり神経質な部分がある。

No.2

またやらなければならないの？

Chapter 6

Chapter 6　犬のマッサージと行動カウンセリング

No.3

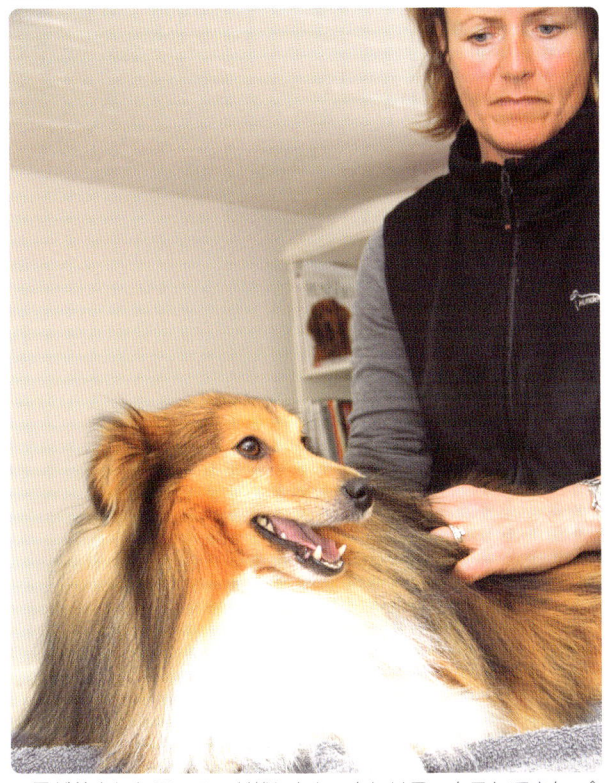

目が前よりもアーモンド状になり、少しリラックスしてきた。今まで鼻面を下に向けていたのだが、今では少し上にあがってきている。

No.4

やはり、パニラが気持ちいいと思うスポットをマッサージしていたのだ。前回の写真から手の位置が変わっていない。思わずフレイから、あくびがひとつ。

No.5

■困惑した表情に注目

ところが少し場所をずらした途端に（パニラの手の位置を前の写真と比較）、「あれ！そこはやめてよ、あんまり気持ちよくないんだから！」と顔を向ける。目にも困惑した表情をうかべる。

Chapter 6 | 105

No.6

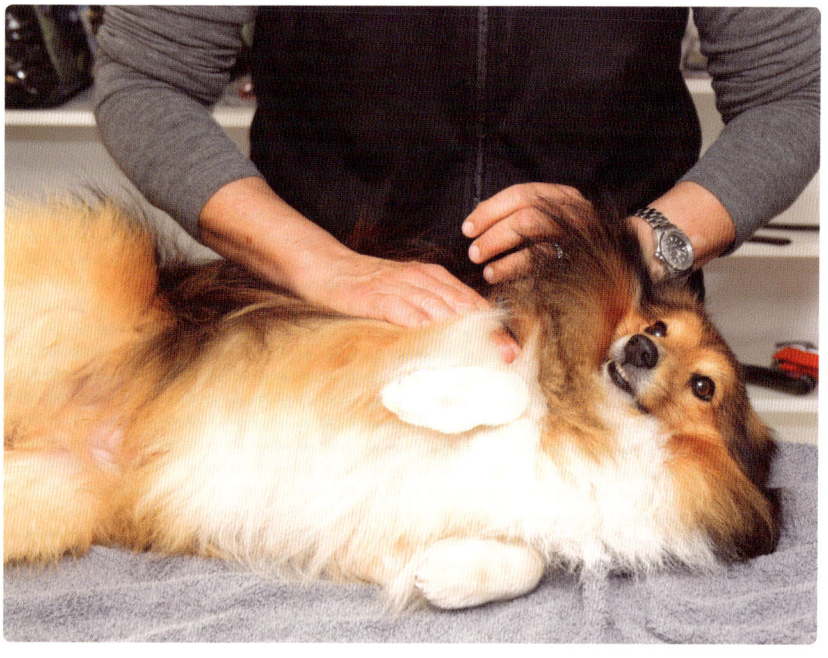

仰向けの姿勢にする

　仰向けにしている途中。無防備な姿になるのは好まない。脚を縮ませ、居心地の悪さを伝えている。普段はマッサージ中に寝てしまうこともあるそうだが、今回は私たちやカメラが周りにあって、いつものようにリラックスできないようだ。

　歯が見えているのは、怒っているせいではない。鼻が上にあがったのに加えて、シェルティは下顎が短いからである。鼻を少し上にあげているのは、子犬の見せる服従的動作。自分が無防備だというシグナルを出す。

No.22

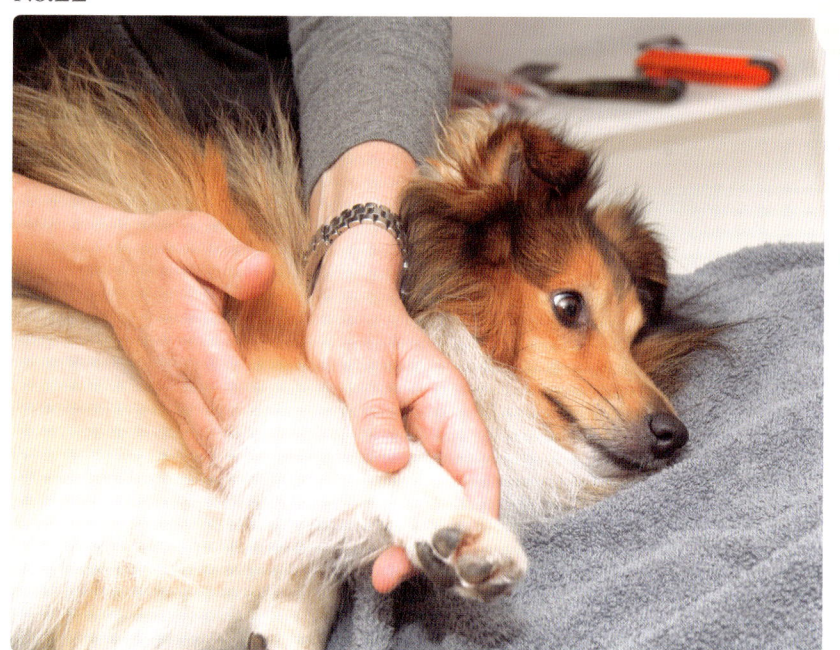

マッサージ後のストレッチ

バニラ：マッサージの後には、ストレッチを行います。ストレッチは素人でも家庭でできますが、ただし、ちゃんとコースを取って勉強してからではなければいけません。知識がないのに行うと、かえって犬の筋肉を傷つけてしまいます。フレイはストレッチがとても好きです。

Chapter 6　犬のマッサージと行動カウンセリング

No.9

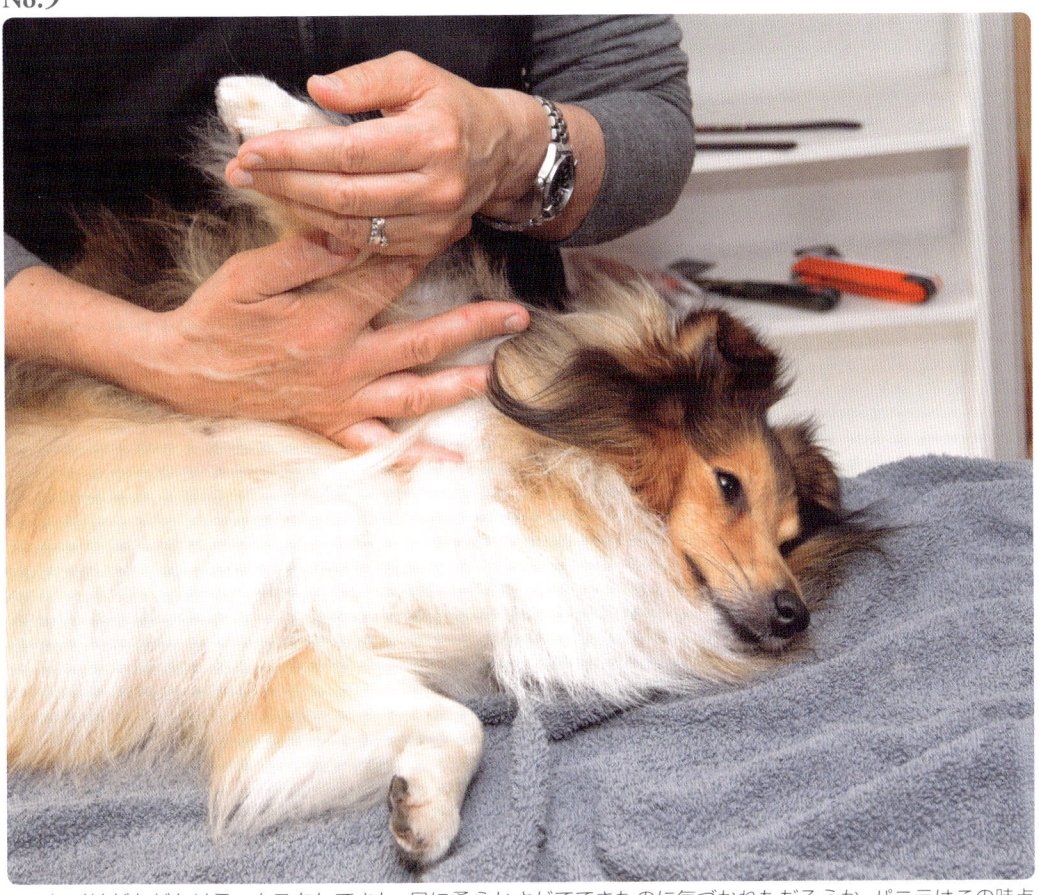

フレイはだんだんリラックスをしてきた。目に柔らかさがでてきたのに気づかれただろうか。バニラはこの時点で、フレイの呼吸は非常に落ち着いたものになったとコメントした。フレイは、スイッチのONとOFFがはっきりしている犬だそうだ。アジリティのフィールドに出ると、とたんに興奮しストレス気味になる。しかしこのマッサージ・クリニックにいると、とたんにOFFに切り替える。

マッサージは、家庭犬、スポーツ犬、健康犬、リハビリ犬に限らず、すべての犬によし！

　上の例では、アジリティに励む犬、そして脚を故障してしまった犬へのリハビリに使われていたマッサージだが、別にハードワークをしていなくても、病気ではなくとも、私は愛犬へのマッサージを強く皆さんにお勧めする。なんといっても、体内の血行や分泌の循環をよくするのだから、犬を長く健康で若く保つことができる。それに犬が気持ちいい！と思うことでもある。

　マッサージによって飼い主と愛犬との絆は強くなるか？もちろんマッサージだけによって、愛犬とのコンタクトを築き上げるのは不可能だが、その一部となり、力添えしてくれることはできる。

　ただし、犬の筋肉、骨格の構造を知らないでマッサージを行うのは、かえって犬の体を害することに。必ずプロのマッサージ師のところに行くべきだ。北欧では素人のために「家庭で行うためのマッサージ」教室などが開かれている。そのようなコースである程度知識と実践を身につけて行うのであれば、愛犬とのオキシトシンに溢れた気持ちのいい時間を過ごすことができるだろう。犬を撫でると人間にオキシトシンが放出される、というのはよく知られている事実だが、オキシトシンの世界的エキスパートでもあるスウェーデン農業大学のモーベリー博士によると、犬も人間に撫でられることでオキシトシンを出している。それも、撫でられてたった3分後に！

　犬に触れる、撫でる、マッサージを与える、というのは、人間にとっても犬にとっても実はとてもいいことなのである。

Column 2-1 カイロプラクターの ジェイコブ・アンデルセン獣医師に聞く

● インタビュアー：藤田りか子

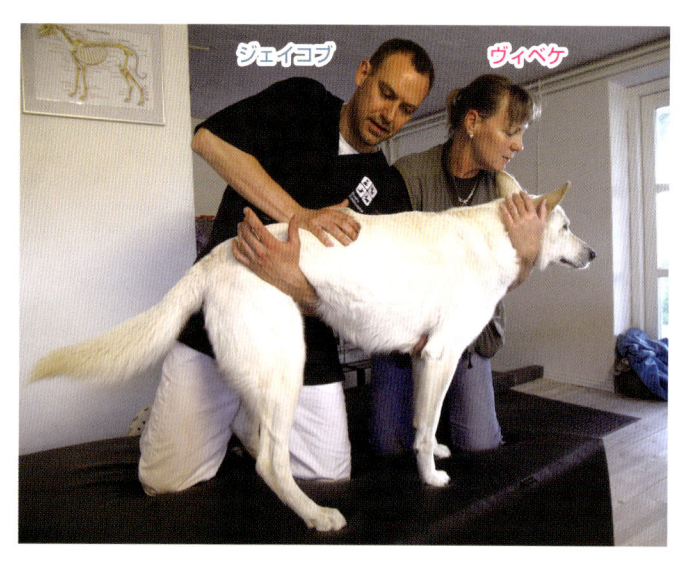

ヴィベケのクリニックとコラボレーションを行うカイロプラクターのジェイコブ・アンデルセンさんは、獣医師。大学を卒業して、ドイツにてカイロプラクターの勉強をし、カイロプラクターとしての資格を得る。現在、デンマーク第2の都市、オーフス市に位置するノルドレ動物病院にて、獣医師および国際獣医学カイロプラクティック協会認定のカイロプラクターとして働く。

interview

藤田（以下F）：根本的にカイロプラクティックというのは、何を扱う医学なのですか？

ジェイコブ（以下J）：神経系と骨格、筋肉を生体力学的見地から治療する手技療法です。よく言っているのですが「骨と筋肉というのは、脳がない器官」だと。彼らは神経がなければ、何も用をなさない。骨格の動きは、神経と脳との協調関係ではじめて具現化されるわけですね。

なんらかの理由で関節が壊れてしまったとしましょう。となると、いくら神経があっても動かなくなります。それだけならいいのですが、動かないから、神経を伝って、脳に情報が行かなくなる。情報が行かないから、脳も筋肉に情報を返すことができない。ある体の動きというのは、ひとつひとつの部位が、上手く呼応することで、はじめて統制したひとつのものとなります。神経を伝って、筋肉と脳の間の情報の行き来が遮断されると、動きの機能が落ちてしまう。

そこでカイロプラクティックでは、筋肉や関節の痛みを改善し、つまり薬等に頼らず生体力学的に治療するという意味ですが、同時に神経の働きを整えるという役目を担うわけです。

神経系と骨格、筋肉系を見るからこそ、カイロプラクティックでは、背骨を見るのが特に大事です。ここに神経の束が走っており、そこから体の各部位に神経の枝が広がっています。脚が痛いと思ったら、実は背骨に問題があった、なんてよくあることです。

F：犬も実際には、私たちが思う以上に背骨を痛めていると聞きますが、それではカイロプラクティックはそういった犬たちにもよい、ということですね。

J：そう。ちなみに背骨自身の問題によって痛みをもっている場合と、他の部位に痛みがあるために背骨にも影響をきたしてしまった、という二次的な原因によって痛みを伴っている場合があります。

たとえば脚を痛めているときや、自由がきかないときなど。脚の痛みによる不自由さを補うために背骨にプレッシャーがかかり、背を痛めるといった具合です。またその逆もあります。だからこそ、痛みがどういう原因で表れているのか、それをまず従来通り獣医の元で診査する必要があります。

カイロプラクティックが良いのは、背骨が原因なのか、脚が原因なのかにかかわらず、とにかく背中の痛みを生体力学的に問題解決することで、犬が経験する苦しさを和らげることが可能という点です。

Column 2-1 カイロプラクターのジェイコブ・アンデルセン獣医師に聞く

F：日本であれば、カイロプラクティックって「ボキボキ」と体をならしたり、整体というイメージがあるのですが…。

J：外れた骨を元に戻す」とか、「痛い」というイメージがデンマークにもありますが、そうではありません。犬の体にはやさしい療法です。たいていの犬が治療を受け入れます。何しろカイロプラクティックの目的は、痛みを和らげるよう筋肉と骨の機能を最も望ましい状態にしてあげること。そして神経系を最善の状態で機能させることです。

単なる物理的治療というわけではなく、神経系が携わるわけですから、生理学も多いに関係してくる。最近の研究によると、カイロプラクティックによって筋骨格系だけでなく、腸や膀胱など内臓器の調子も改善されることが分かっています。

F：リハビリとしてもカイロプラクティックは使われるのですか？

J：僕の診療所ではたいがいの場合、カイロプラクティックはリハビリ・メニューのひとつとなっています。ケガをした部位が回復するには動いてトレーニングをする必要があるのですが、それにはケガをしている部分に脳から正しく神経のシグナルが伝達されている必要があります。そうでなければ、統合的な動きをすることはできません。これを担うのが中枢神経です。カイロプラクティックによって、中枢神経が通る背骨を、出来るだけ最高の状態で動けるようにしてあげる。そうすることで、神経系が正しく機能しはじめてくれます。

リハビリの他にも、アジリティなどで体を酷使している犬や老いた犬にも有効です。もちろん健康な犬にも、予防策として最高です。背骨とそのまわりの骨格・筋肉系を常にチェックすることで、大事に至らないでもすむでしょう。

F：デンマークには、カイロプラクターになるための学校が獣医大学に併設されていることはないのですか？

J：人間のカイロプラクティックが200年の歴史を持つ一方で、動物のそれはたかだか20年。歴史が浅い。残念ながら、獣医学の中でカイロプラクティックを扱うところは、アメリカ等を除いて、世界でもほとんどないでしょう。動物のカイロプラクターになるには、通常、専門学校に通います。そこでは、獣医学の基礎がない人でもカイロプラクターとして勉強できるんですね。となると、基礎知識なしに誰でもカイロプラクターになれる可能性も多いにあります。だから世間一般が、この代替医療について懐疑的なんです。

しかし僕が通ったのはドイツの動物カイロプラクターの学校で、ここでは素人はもちろん獣医看護師でもだめ。獣医師だけが入学を許されました。すでに獣医学の世界で医学について訓練を受けていれば、より深くカイロプラクティックを理解できます。だからこそ、動物が正しくケアされる。一方で、獣医だけの教育であると、骨格と筋肉の生体力学そして神経の関係については、深い知識に欠けるというわけです。

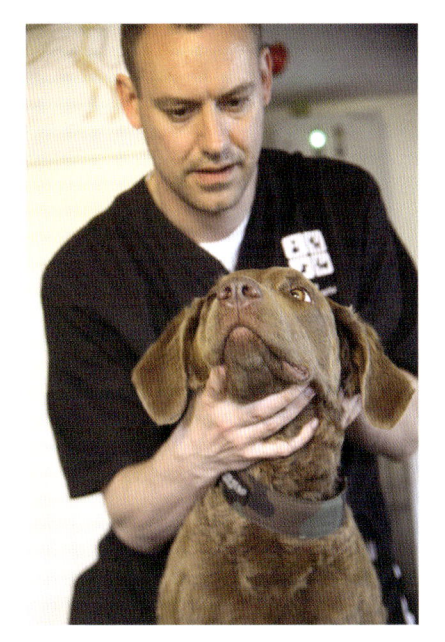

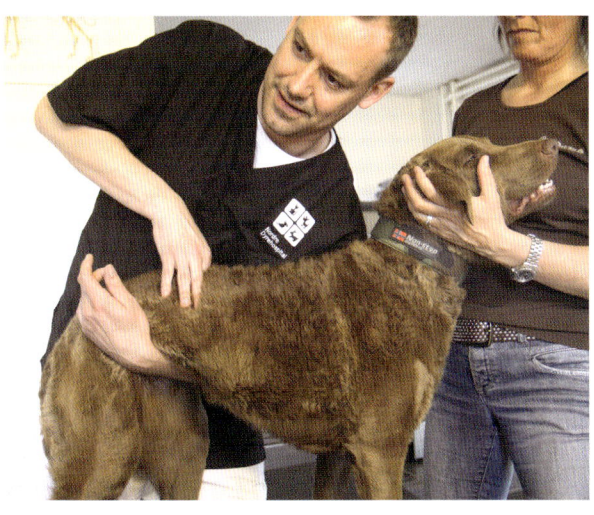

Column 2-2

背中や腰の痛みと問題行動の関係

●文：藤田りか子

■問題行動と痛みの草分け的研究

　背中や腰に痛みを抱えるのは、人間だけでなく犬にも意外に多い。よく知られているのはダックスフンドであるが、彼らのような胴長の犬だけに限った問題ではなかったのだ。さらに背の痛みは多くの犬たちの問題行動（攻撃性、落ち着かない、無駄吠えなど）の原因になっている。

　前述のスペインのバルセロナ大学による研究（P96の脚注を参照）に先立ち、これを明らかにしたのはスウェーデンの心理士、アンデシュ・ハルグレン氏だ。すでに20年前から、氏は背中の痛みと問題行動の関連についての可能性をさぐっており、それを学術論文(注1)としても発表している。さらに最近では、首をぎゅっと締め付ける細いタイプの首輪が もたらす傷害についても警告を行っている。

　ちなみに氏は、北欧における"ポジティブ・トレーニング"の草分け的存在だ。60年代にて、「褒めてしつける／訓練する」メソッドを提唱。90年代後半にアメリカから渡ってきたクリッカー・トレーニングの基礎は、すでに北欧ではクリッカーを待つまでもなく、氏のおかげで出来上がっていたと言ってもいいだろう。北欧の多くのトレーナーが彼の元で勉強をしており、共著のヴィベケ・リーセも例外ではない。これまでに著した犬関係の本はなんと25冊以上にのぼる。

　もっとも、筋肉や骨の痛みが原因となり問題行動を起こすというのは、研究を待つまでもなく、多くのスウェーデンの問題行動カウンセラーの間では常識として知られていた。そこで、ハルグレン氏は400頭以上の犬を対象に、どれだけ問題行動と痛み、特に背中の痛みに注目をして、どう関連性があるのか、カイロプラクターの検診や飼い主へのアンケートを元に調査を行った。

注1) Ryggproblem hos Hund Bakomliggande orsaker till beteendeproblem (forskningsrapport) Eget förlag 1994/2005

No.1

他の犬を見て、すぐに飛びかかろうとする癖のある犬は、ぜひともハーネスを着用すべきだろう。

No.2

スウェーデンの犬の行動心理士、アンデシュ・ハルグレン氏。犬の問題行動と背中の痛みとの関連について研究をした。北欧における"ポジティブ・トレーニング"の草分け的存在だ。60年代にて、「褒めてしつける／訓練する」メソッドを提唱。

Column 2-2 背中や腰の痛みと問題行動の関係

　その結果明らかになったのは、なんと半数以上の犬、つまり63％の犬が背や腰に問題を抱えていたということ。特に性別による違いはなかった。その中でももっとも多いのが、腰部分を痛めていた犬（73％）。つぎに、胸部（67.19％）。そして、首部（26.87％）。ちなみに、人間では、人口の40％が腰や背中に痛みを訴えており、40％が背骨に問題があるにもかかわらず、痛みとして知覚していないだけだそうだ。背中を健康に保っているのは、たったの20％にすぎないということ。もしかして、犬の背中の問題は、文明病なのかもしれない。

　注目したいのは、背中に何らかの問題を持っている犬のうち、半数以上（55.33％）が問題行動をもっていたということ。問題行動のうちわけは、42％が攻撃性で、13％が過度の怖がり。また攻撃行動を見せる犬だけで調べると、79％の犬が背中を痛めていた。

　ちなみに背に問題を抱えていない犬で、問題行動を抱えているのは、約3割にすぎなかった。そしてそのうち、攻撃性を見せる犬は19％。前述した42％という数字と比較してほしい。なんという差だろう。いかに、背中の障害が、犬の健康だけではなく、飼い主と愛犬に問題をもたらしているかがわかるだろう。

No.3

スウェーデンの研究によると、犬全体の約60％が背中になんらかの問題を抱えているという。

400頭以上の犬を対象にした、アンデシュ・ハルグレン氏の調査結果

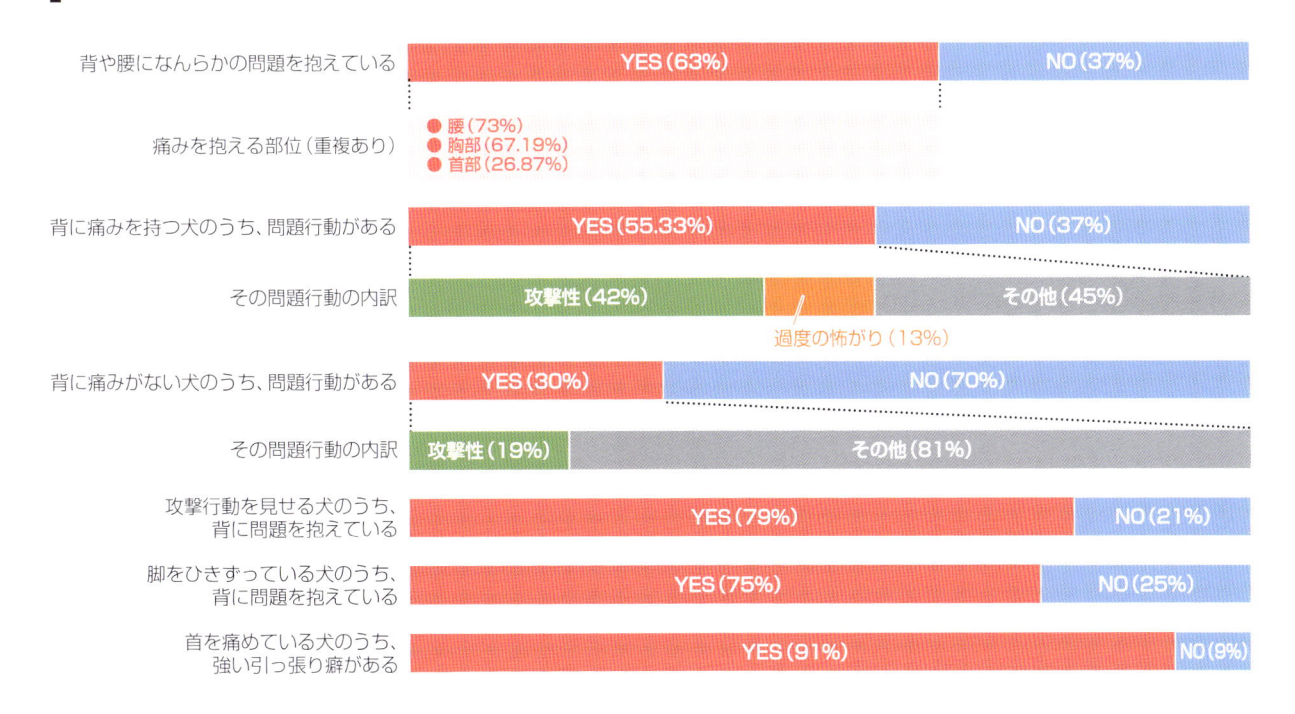

背や腰になんらかの問題を抱えている	YES（63％） / NO（37％）
痛みを抱える部位（重複あり）	腰（73％） / 胸部（67.19％） / 首部（26.87％）
背に痛みを持つ犬のうち、問題行動がある	YES（55.33％） / NO（37％）
その問題行動の内訳	攻撃性（42％） / 過度の怖がり（13％） / その他（45％）
背に痛みがない犬のうち、問題行動がある	YES（30％） / NO（70％）
その問題行動の内訳	攻撃性（19％） / その他（81％）
攻撃行動を見せる犬のうち、背に問題を抱えている	YES（79％） / NO（21％）
脚をひきずっている犬のうち、背に問題を抱えている	YES（75％） / NO（25％）
首を痛めている犬のうち、強い引っ張り癖がある	YES（91％） / NO（9％）

■背中の痛みの主な原因

では一体、背中の痛みの原因となるものは何なのであろうか？　まず成長痛。大型犬に多い成長痛を経験した犬の8割以上が、成犬になっても背痛を持っていた。

また以前に関節を壊したことがある犬のうち、約70％がやはり背中に問題を抱えていた。

原因解明が出来ずに、脚をひきずっている犬のうち、約75％が、背に問題を持っていた。これは、前述のカイロプラクター、ジェイコブ獣医師の知見とも一致する。ハルグレン氏は間接的な背への負担について述べている。たとえばもし片側の股関節を痛めている場合、その脚をかばおうと、もう片方の脚をより使おうとする。すると体のバランスを保とうと、どうしても背をよじろうとしてしまう。よじれば、背中の筋肉はより強張り、伸縮性に欠けてしまう。これが、背骨に負担をかけてしまう。

外傷も、背中を悪くする原因となる。この調査では、他の犬に襲われる、車や自転車にぶつかる、車に乗っている間、急停止によってバランスを崩しケガをしてしまう、あるいは"アルファ・ロール"(注2)や体罰によってケガをするというケースも見られた。そして外傷が、背痛の原因で一番多かったのだ。

必ずしも背中を直接痛めるわけではなく、先にも述べた通りケガをして、その負担が背中に来てしまう場合も多い。

ハルグレン氏が調査を行った80年代終わりから90年代のはじめまで、北欧でさえチョーク・チェーンの使用に誰も違和感を覚えることなく、訓練の「正当法」として一般に受け入れられていた。よって氏の調査には、チョーク・チェーンの使用と背中の痛みの関連性も述べられている。当時、チョーク・チェーンを公の場にて疑問視した意見を出す人は誰もいなかっただけに、氏の洞察力はなかなか鋭い。

もっとも、チョーク・チェーンを使うこと自体に痛みとの関連性はまったくないのだが、問題はその使い方のようである。背骨でも頸椎（首にあたる部分）を痛めてしまうのだ。犬が引っ張りそうな瞬間にチョークで「ピシッ」と一瞬首を絞める、あるいは犬が引っ張るままに任せて、長い間首を絞めたままで散歩に出る、というような場合だ。首を痛めている犬の91％が、強い引っぱり癖を持っていたり、チョーク・チェーンでピシリと引っ張られる、という訓練方法を受けていた。

2010年のアメリカの獣医博士らの研究によると、首輪を強く引っぱることで、首の痛みだけでなく眼圧をも上昇させるということだ（後述のコラム2-3を参照）。極度の眼圧上昇は、網膜の神経を傷つけかねない。そして鋭い痛みを伴う。

■よく走って遊ぶ犬は、背中が強い！

アジリティを行っている犬は一般の家庭犬に比べて、さぞかし背中を悪くしているのではないかと思われるだろう。

ところがハルグレン氏の調査では、そうではない。それどころか、飛んだり跳ねたりの動きを遊びのメニューに多いに取り入れてもらっている犬にも、背痛の関連はなかったというのだ。

つまり、人間と同じである。一にも、二にも運動！運動こそが、犬の背を強くするというわけだ。氏は、「特に変化のある地形、野原や林などで運動させるのが最高にいいコンディション・トレーニングとなります」と述べている。

土や草による適度なクッションがあり、おまけに、表面はでこぼこ。時には木の根が出ていたり、岩が

注2) アルファ・ロールとは、犬をしつけるときのテクニック。犬を仰向けにして、床におしつける。そして犬が完全な服従をみせるまで押さえておく。人間が「群れのリーダー」であることを犬に理解させる、というのがその目的。だが、この方法は効果的どころか攻撃行動を持つ犬をさらに防衛的にしてしまうということで、現在ではほとんどのトレーナーが反対を唱えている。

Column 2-2 背中や腰の痛みと問題行動の関係

あったり。そこをピョンピョンと走り抜けるには、背中の筋肉を大いに使ってバランスを取らなければならない。

　逆にあまり運動をしていない犬は、背痛、腰痛を持ちやすい。というか、ちょっとしたことで筋肉や骨格にダメージを受けやすいのだ。なぜなら、筋肉が鍛えられていないので、骨だけにかかる負担が大きすぎる。これは、運動をあまりしていない人が腰痛になりやすい事実とも一致している。筋肉がなければ、どうしても腰椎だけで体を支えようとする。それではあまりにも腰椎に負担がかかりすぎるのだ。普段から運動をしていれば、背中の筋肉が鍛えられ、骨だけではなく筋肉でも体重を支えることができる。

　さらに、運動をしていない犬は、普段からの刺激不足で、一旦外に出る機会が与えられると、物珍しさのために興奮して、余計にはしゃいでしまう。それがケガの元になりやすい。

　というわけで、犬の健康のため、そして問題犬になる可能性をできるだけ少なくするためにも、運動は欠かせないのだ。

No.4

アジリティを行っている犬と、背中に問題を持つ犬との相関性はなかった。アジリティも度をすぎなければ、よい運動となる。競技会まで出るほど熱心な飼い主は、犬をマッサージ師のところによく連れてゆく。

No.5

雪の上を走るのは決して楽ではないが、犬は大好きだ。背中の筋肉を鍛えるのによい運動ともなる。ただし、普段運動させていない犬をいきなり放さないこと。マッサージをして、筋肉をウォームアップさせよう。

No.6

犬が自主的に走らないのであれば、「持ってこい遊び」をして、アクティブに過ごさせること。それからこのような、切り株やでこぼこのある地形を走らせるのも、筋肉を鍛える上で効果抜群。

Column 2-3

問題行動（引っ張り癖）と
チョーク・チェーンと健康への弊害

文：藤田りか子

■ハーネスを使う

　本書の写真に登場する犬たちの大半が、ハーネスをつけているのに気がつかれただろうか。デンマークの軍用犬も、犬が引っ張ることが多い訓練状況ではハーネスをつけている（第5章参照）。

　ヴィベケ・リーセのクリニックでは、訓練中、愛犬はハーネスを付けるように、とクライアントに言い渡している。それは倫理上の理由である。

　ハーネス装着を義務にはしていない。飼い主の自由に任せるが、ほとんどの人はハーネスをつけてやってくる。

　もっともハーネスだと犬の動きをそれほどコントロールすることできない。ということは、つまりハーネスできちんと歩くには、犬と飼い主が本当にコンタクトを築いていることが要求される。

　一方でもし首輪に頼りきっていれば、できるだけ楽をしたい我々人間のこと、よりいっそう物理的な方法で（すなわち力で）犬をコントロールするようになる。その結果、犬の首に負担をかけてしまう。倫理的ではない。

　犬と人間は協調関係で働かなければならない、と提唱するヴィベケであるからチョーク・チェーンには反対である。しかしチョーク・チェーンを使いこなしている人はこう主張する。「引っ張りそうだ！という瞬間、一回犬の首を「ピシリ！」と締める。そしてすぐにリリース（解放）する。こうすれば犬は学習する。ならば、慢性的に犬の首を引っ張らずに済むから、かえって犬に優しい」そうだ。もし、本当に犬が数回で学習してくれたら、確かにそれは本当である。チョーク・チェーンの方が負担をかけずに済むだろう。

No.1

著者、ヴィベケのクリニックにて。彼女は、多くの飼い主にハーネスをつけて訓練をさせることを勧めている。

No.2

馬の訓練の世界でも、できるだけハミや手綱に頼らず馬を乗りこなそうという動きがある。これをナチュラル・ホースマンシップといい、馬と乗り手の協調性を強調する訓練哲学でもある。

No.3

デンマークの軍隊でも、犬の訓練は、ハーネスを付けて行っている。

Column 2-3 問題行動（引っ張り癖）と
チョーク・チェーンと健康への弊害

■ Lさんの犬の場合

　問題は、誰もがチョーク・チェーンをそのレベルまで使いこなせないということだ。私の知人Lさんがいい例だ。

　ラスムスは元から引っぱり癖がひどく、そのため友人はチョーク・チェーンを使うことを勧められた。だが、まったく効果を表さない。トレーナーに言われた通り、一度ガツン！と引っ張るのだが、犬が要領を得ないのだ。ああ、そして、なんと…、彼の「ガツン」「ガツン」と首を絞める行為はいよいよエスカレートしていったのだ。首への負担があまりにも長期にわたり、毎回が強すぎた。よって、眼圧が上がった。

　3年後、しばらくぶりに犬とともにLさんに再会したとき。ラスムスの目は白濁していたのだ。緑内障と診断されたという。Lさんは、決して悪い人ではない。犬によく運動を与えているし、狩猟にも連れてゆく。しかし、引っぱり癖にほとほと疲れたのだ。時には犬に引っ張らせ、時には「ガツン」「ガツン」を繰り返し、リードの扱いはすっかりデタラメになってしまった。一定したルールがなくなり、いよいよラスムスを混乱させた。これでは永遠に引っぱり癖は治るわけない。人間、悪い意図はなくとも、知らず知らずのうちに、そしてある種の諦めによって、愛犬をかわいそうな目に遭わせていることもあるものだ。

　ただし、彼の要領を見れば、どんなにタイミングを外して犬を訓練しているのか分かる。残念だが、誰もがそのタイミングをうまくつかめるとは限らないということだ。私がダンス教室に通ったときに、最後までステップを覚えられなかったのは、リズム感が欠けていたからだ。犬を訓練するときの「押して」「放す」のタイミングがどうしてもつかめないLさんとよく似たものだ。

No.4

東ヨーロッパでみかけたスパイクカラーを付けた犬。このカラーはスウェーデンでは動物愛護法によって使用が禁止されている。

No.5

ポーランドのあるしつけ教室にて。訓練士は、模範犬にスパイクカラーをつけて訓練をしていた。

No.6

チョーク・チェーンで訓練を受けるラブラドール・レトリーバー。犬が他の方向に行きそうな瞬間にグイっと引っぱる。この不快さを回避しようと、犬は次第にハンドラーの動きに従い、歩くようになる。ただし、タイミングが大事。これを逃し、引っぱり続けていると、動物虐待になりかねない。

■首を絞めると眼圧をあげる

コラム2−2のところで少し紹介したが、ウィスコンシン大学、ポーリー獣医師らは、犬の首にプレッシャーをかけると、眼球の圧力が上がるということを証明した。

首が締め付けられると、首の頚静脈に圧力がかかる。それが、眼圧の上昇を促すというのだ。眼圧が上がると、目の奥の神経（網膜神経節細胞）が圧迫され、傷つく。これがすなわち、緑内障と呼ばれる目の病気である。

恐ろしいのは、視覚の神経が傷つくことで、失明をする可能性があるということ。それだけでなく、眼圧が上がると、眼痛や頭痛を引き起こす。

犬は、自分で「目／頭が痛い」「中央が見えにくい」などを訴えないので、緑内障とわかったときは既に症状が大分進行している状態だ。

実は、犬での実験の前に、人間によっても首へのプレッシャーと眼圧の関係は証明されている。ただし人間の場合、首輪ではない。ネクタイだ。ネクタイを強く締めている間、眼圧は上昇。目の検査中にネクタイを着用していると、緑内障と間違って診断される可能性もあるとのことだ。

ポーリー獣医師らが警告しているのは、特に遺伝的に緑内障にかかりやすい犬種、あるいはすでに緑内障と診断されている犬の場合、首をぎゅっと締めることで視神経への圧迫が強くなり、緑内障が進行するリスクが高くなるということ。そして、そのような犬たちには、ぜひハーネスを付けることを勧めている。彼らの研究では同時に、ハーネスでの実験も行っており、ハーネスでなら引っ張っても眼圧を上げなかったということだ。というわけで、首に圧力をかけることの危険性が、今や科学的に明らかになった。

Column 2-3　問題行動（引っぱり癖）と
チョーク・チェーンと健康への弊害

No.7

スペインで見かけたつなぎ飼いにされている犬。写真のように常に引っ張られている状態であった。つながれたまま飼われている犬は、果たして健康的だろうか。首へかかるプレッシャーによって、頸部筋肉および眼圧にどう影響をするのだろうか。

■ 首には繊細な神経が通っている

　アメリカでもスウェーデンにも、犬の訓練番組は人気だが、そこでデモストレーションされる方法に、首を一瞬ぎゅっと締める方法が使われているのは珍しくない。
これはテレビの弊害でもあるだろう。テレビは「あっという間に出来上がり！」という劇的なシーンを欲しがる。料理番組やスポーツのコーチ番組ならそれでもいいかもしれない。テレビと実際にやってみることが違った、と苦しむのは自分である。しかし、犬の訓練の場合、自分ではない別の生き物を扱うのだ。

　私の知人であるスウェーデンの有名なドッグトレーナーは、テレビの世界のはびこるドラマチック指向にがっかりして、一度シリーズで放映されていた番組の出演を途中で降板したものだ。「一般の飼い主に、犬のトレーニングが、あんなにあっという間に出来上がる、という印象を植え付けたくないのです」と。

　コラム2-2で前出のアンデシュ・ハルグレン氏も、訓練番組で紹介されているあるトレーナーの首輪の使いかたを批判している。そのトレーナーは首輪を耳近くまであげて、そこで「ぎゅっと」一瞬締めて、訓練をする。それも非常に細い紐のような首輪である。

　実は耳周りにかけての首の上部は、頭蓋骨から神経がすぐに出ている部分であり、神経が割合外にさらされている。だから敏感な部分でもある。そして首の下部にゆくにしたがって、神経はより筋肉で保護されている。よって首の上部、耳の下あたりを「ぎゅっ」と締めるのは、下部を締められるより、犬にとって「痛い！」という一瞬の刺激が非常に強い。この威力を使うから、ツケの訓練がしやすくなる。

　しかしハルグレン氏は、「特に素人が問題犬にこの方法を使うとなれば…」と危惧をする。たとえば、他の犬を見ると、飛びかかろうとする行動に対処するときなど。ハルグレン氏いわく、「テレビで見せられているその瞬間は、確かに犬はあの痛さが怖くて、トレーナーに従うでしょう。しかし、この訓練効果は長続きしないのが問題です。そしてその効果を発揮させるために、飼い主は後頭部を細い首輪で締め続ける。一週間、一カ月、一年、そして数年…。その間、どれほど後頭部の繊細な神経を壊してしまうでしょう」。

　首の敏感な部分で締め付けられると、敏感故に、だんだん筋肉が緊張し硬くなる。筋肉が硬くなれば、血のめぐりが悪くなるのだ。すると人間の肩こりと同様に、頭痛を引き起こす。

　なんとも皮肉ではないか。問題行動を持つ犬にマッサージが有効なのは、マッサージが筋肉の緊張をほぐし、体のストレスを取ることができるからだ。問題行動を持つ犬の筋肉をさらに硬くしては…、逆効果である。

Column 2-3 問題行動（引っぱり癖）と
チョーク・チェーンと健康への弊害

No.8

　耳周りにかけての首の上部は、頭蓋骨から神経がすぐに出ている部分であり、神経が割合外に曝されている。だから敏感な部分でもあり、ここに細い首輪をあてて、鋭い引っぱりの一撃を与えるのは、果たして倫理的なことだろうか？　訓練が上手な人であれば、一度で犬を学習させるかもしれない。しかしハルグレン氏は、懐疑的である。「この訓練効果は長続きしないのが問題です」と。

No.9

　北欧のとある国営放送テレビ番組で人気を博した、あるトレーナー。主に狩猟犬を調教する。チョーク・チェーンを巧みに使い、飼い主のリーダーシップを強調する。
　クリッカーを使いポジティブ訓練を主張するトレーナーは、彼の方法に批判的だ。北欧でも、ポジティブ系と従来の訓練（古いタイプの訓練法）をするトレーナーたちの間では、なかなか意見が合わない。

Chapter 7

動物病院&獣医師が苦手な犬たちへの対処法

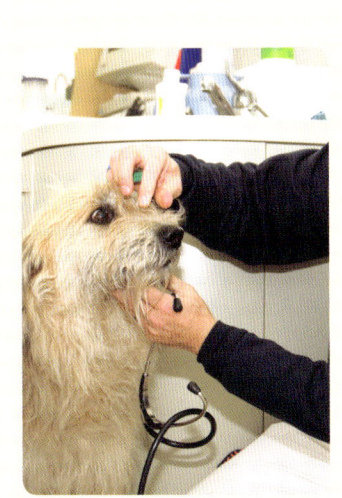

- ジャーマン・ポインターのミックス犬、ワトソンの場合
- ジャックラッセル、エイミーの場合

BODY LANGUAGE
動物病院&獣医師が苦手な犬たちへの対処法

7-1 動物病院の中に入れない犬

動物病院に来ると、口は開けられ、耳は見られ、手はさわられと、あちこち触れることが突然で、ショックを受け、それで多くの犬たちは獣医師嫌いになってしまいます。

たとえば、ここに紹介するワトソン。もともとあまり大きなメンタル・キャパシティを持っておらず、何かと臆病な犬であることは確かです。子犬の頃から、狭い場所を通り抜けるのを拒否し続けていました。

それなのに、ある獣医師の元で無理矢理引っ張られ、狭い廊下を歩かされ診療室に連れてこられました。診療室も狭く、これも彼にとってはパニックを引き起こしました。さらに悪いことに、診察台に持ち上げられるのをとことん拒否していたのを、その獣医師は無理矢理に力づくでテーブルに乗せました。

この経験は、ワトソンへ獣医師に対するトラウマを残しました。病院を変えたものの、まだ彼の恐怖は残っており、すでに入口に来るや否や止まってしまうのです。

もっとも、ここオールボリー動物クリニックは、このような怖がる犬に訓練をさせるために、特に診断がない日でもこうして診察室に入る訓練を許可してくれる良心的な病院です。私はこのような動物の気持ちを理解してくれようとする動物病院が、もっと世の中に増えてほしいと思います。

ジャーマン・ポインターのミックス犬、ワトソンの場合

ある日私は、ワトソンの飼い主Mさんと一緒に動物病院へ行く日を決めて、彼女にトレーニング・アドバイスをしました。ワトソンは、4歳になるジャーマン・ポインターのミックス犬です。

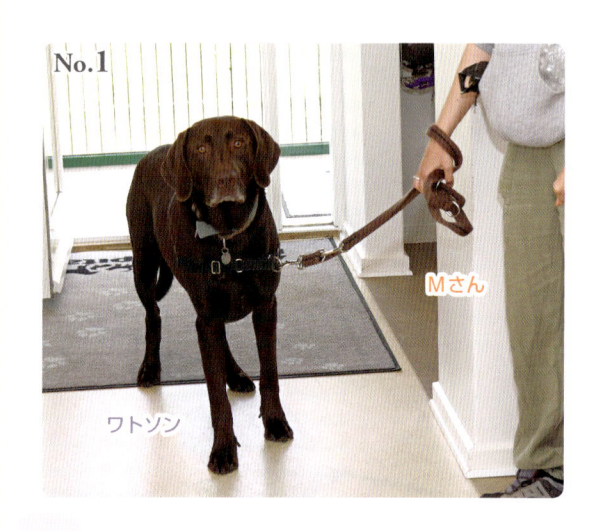

No.1 目の表情に注目!

ワトソンが院内に入ってきた。しかし、ここでフリーズしてしまった。彼の目を見てほしい。恐怖におののいているのがわかる。尾もすっかり下がって、ほとんど脚の間に入れられている状態だ。
ワトソンがまず達成しなければならないのは、いきなり動物病院の中に入ることではなく、まず入口にやって来ても逃げないでいられる、という訓練。それ以上を1回目の訓練で行う必要はない。

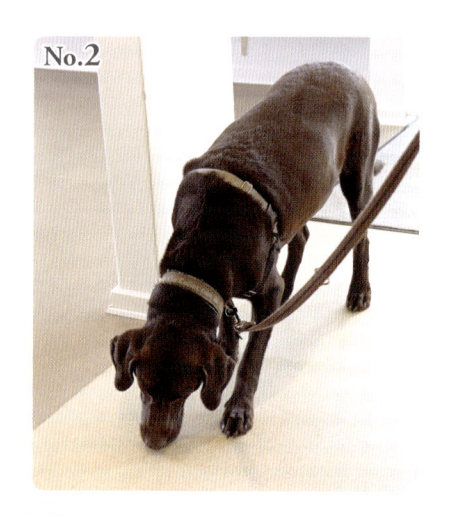

No.2 ニオイを嗅ぐ行為は、やめさせないでOK

時に、入ったものの一度止まってしまい、床のニオイを嗅ぎはじめることもある。そんなときも、無理をして引っ張らないように。彼はそうしてストレスを処理したり、あるいは院内にやってきたいろんな犬たちの足跡のニオイを嗅いで、まわりの状況を判断しようとしているのだから。好きなだけ嗅がせてあげること。

Chapter **7** 動物病院&獣医師が苦手な犬たちへの対処法

No.3

ここで引っ張らない！

怖がってドアのところまで後ずさりをしてしまった。しかし私はMさんに「ここで引っ張ってはだめ、そのまま犬にさせたいようにさせて！」とすぐに注意をした。だからワトソンも気分を落ち着けて、少し尾を上げた。しかし相変わらず目には、恐怖の気持ちが見える。

狭いところにやってきて体の自由がきかないとわかれば、余計にパニックを起こしてしまう。だからこの時点では、彼に自由があるということを理解させること。そして病院の雰囲気に少しずつ慣らすことである。

No.4

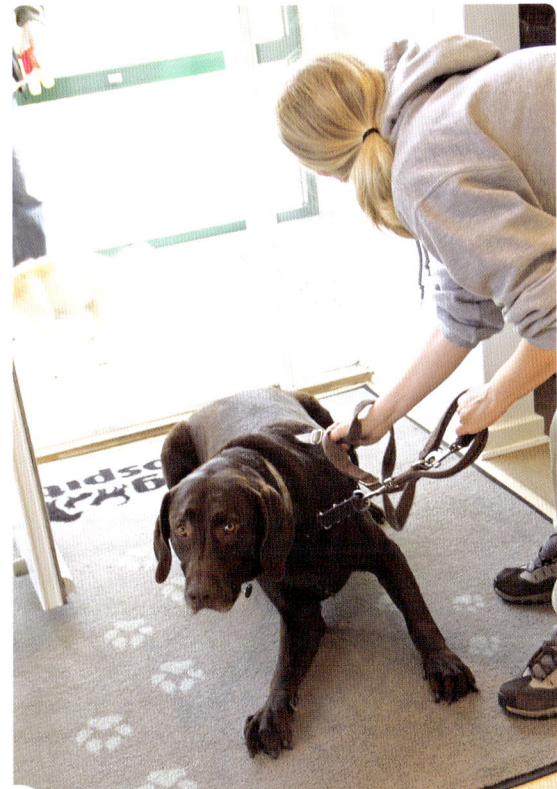

トレーニング中にトラブル発生

ところが困ったもので、後ろから、この時間にアポイントを取っている顧客がやってきた。私たちは獣医師の好意でトレーニングをさせてもらっているので、さっそくどかなければいけない羽目になり、Mさんは慌てた。後ろに犬が迫り、前には行きたくない、ということでワトソンはどうしたらいいかわからなくなり、怖くてうずくまってしまった。

No.5

> どうして、ここにいなければならないの！

緊急手段を講じる

それでもMさんには力づくで引っ張ってもらいたくないので、この際、緊急の手段を取ることにした。

私は急いでワトソンの後ろに立ち、後から来る犬とのバリアを作った。同時に、Mさんが彼を一生懸命トリーツで誘導しようとしている。しかしワトソンは顔を背けて、舌をぺろりとだした。彼は「どうして、ここにいなければならないの！」というストレス状態にある様子を示した。後ろから犬が来ているからどかなくてはならないのを、ワトソンがどうして理解できるだろう。

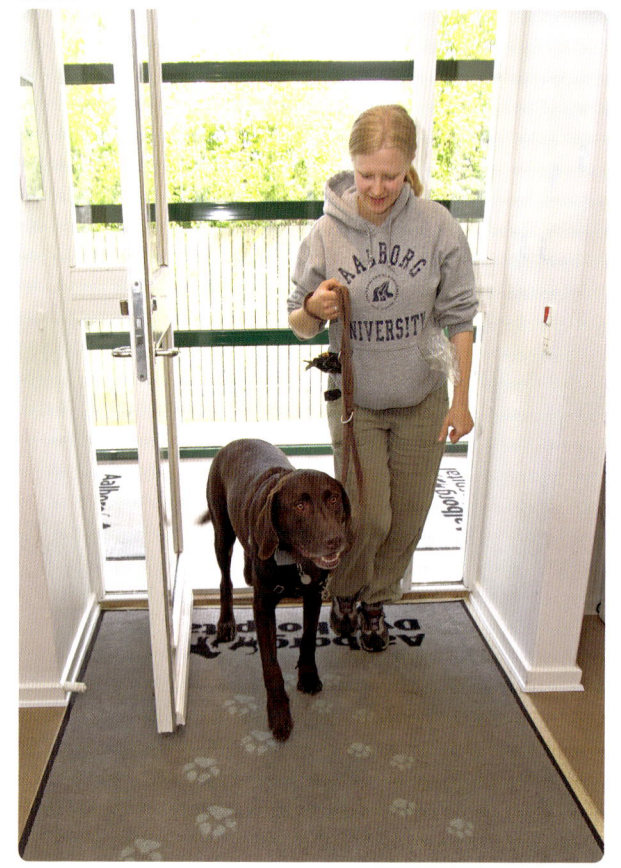

No.6 トレーニングの再出発

予約客が院内に入ったら、ワトソンとMさんをすぐに外に出して、もう一度トレーニングのし直しをすることに。

No.7 トリーツで誘導

トリーツで誘導する。一度でも強制して犬を中に入れれば、もう二度と自分の意志で院内に入らなくなってしまう。

■病院に入れない理由のひとつは、飼い主の心持ちにある

　1回訓練しただけで十分だ、なんて決して思わないように！　このような訓練を、何度も何度も繰り返す。そして病院に来るのはなんでもないということを、学習してもらうのが大事だ。

　ワトソンの長引いている病院恐怖症（すでに2年間！）は、過去のトラウマのためだけではなく、Mさんに今ひとつパワーが欠けているせいもある。彼女は注意深いあまりに、ワトソンと接するときに、そぉ～っとしすぎてしまうのである。それがかえって、彼にいっそうの警戒心を植え付けてしまう。それよりも、もっと明るく元気に振る舞った方が、ワトソンに勇気を与えていたはずだ。「ほらっ、ほらっ！　ワトソン！　がんばれ、がんばれ！」という風に。そして、リードを引っ張らずに「人生そんなに、怖いことばかりじゃないのよ！　さ、私について来なさい、ね！」。

　ワトソンは怖がりであるからこそ、自分と同じようなひ弱な人間は欲しくない。頼れるぐらいの強い人格を持つ飼い主が必要だ。Mさんの個性では、今ひとつ弱すぎるのだ。相手が弱さを見せると、ワトソンは自分の弱さについてどうにも処理しきれなくなり、さらに不安定状態に陥る。

　もちろん、ここで私はリードをピシャリと引っ張るなどの身体的な強制力を使う飼い主の方がいいとは言っていない。

Chapter **7** 動物病院&獣医師が苦手な犬たちへの対処法

さらに奥へ。訓練の終わり時の判断は大切!

　病院のスタッフも、ワトソンの訓練につき合ってくれることに。院内に入ったものの、診察室へ行くまでのこの廊下が一番の難所。何しろ両壁が迫っており、ワトソンの恐怖感は倍増となる。スタッフは上手に彼を誘導する。決して「怖いよね、大丈夫だよ、安心してね〜」などと、慰めるように話しかけなかった。前述したごとく、元気よく、時には両手でパチパチ叩いて合図を見せるなど励ましてくれた。

　しかしこの時点でワトソンは、不安な目をしながら頭をこちらに向けたのだ。少し訓練が長引きすぎた。今回はもうこれで十分。必ずしも診察室まで到達する必要はない。犬のストレス状態を読みながら、これ以上やってはいけないという限界を判断すること。そしてまた次の機会に試して、徐々に入口から院内に入ってゆく距離をのばす。

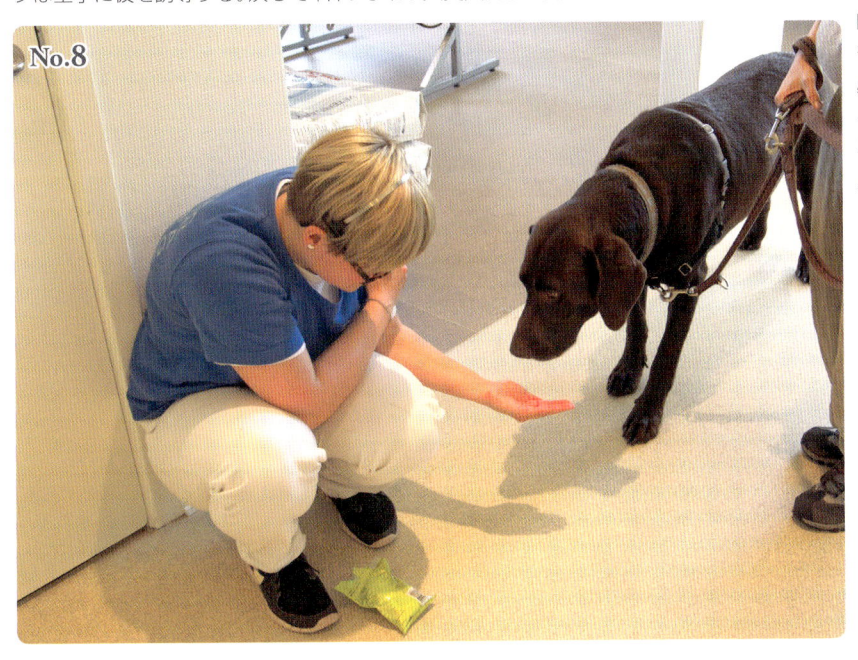

No.8

後日の訓練。バリエーションをつけて行うこと!

　これは訓練2回目。ワトソンは前回のトレーニングで慣れたようだ。表情がリラックスしている。しかし、診察室へ続く廊下が相変わらずの難関だ。

　徐々に難関を克服させるのは大事であるが、必ずしも毎回、廊下に入るところまで訓練を遂行する必要はない。さもないと犬は、その難関と直面することに対して「疲れ」を感じ、ついには悪い習慣すら付いてしまう。つまり「ここまで行けばいいのだ！」と。そして、そこで止まってしまう癖から抜けきれなくなる。

　こんな習慣をつけさせないためにも、時にはクリニックのドアを入ってきたところ、ある時には受付のところまでで終わりにするという風に、訓練にバリエーションをつけてみよう。そして次の機会に難関のスポットまで犬を導き、そして一歩でも進んでくれたらそれで満足して、また翌日には簡単なバージョンで訓練を繰り返す。トレーニングを犬の重荷にしないよう！

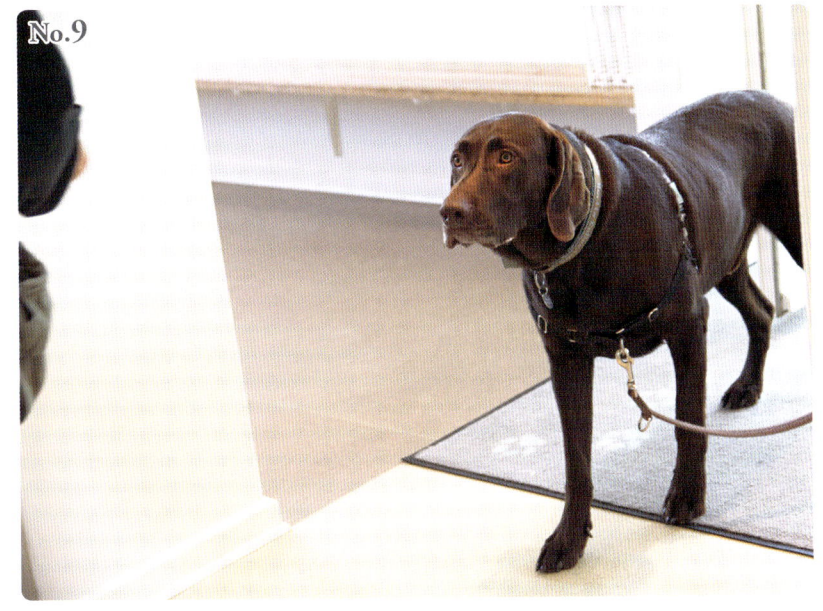

No.9

No.10

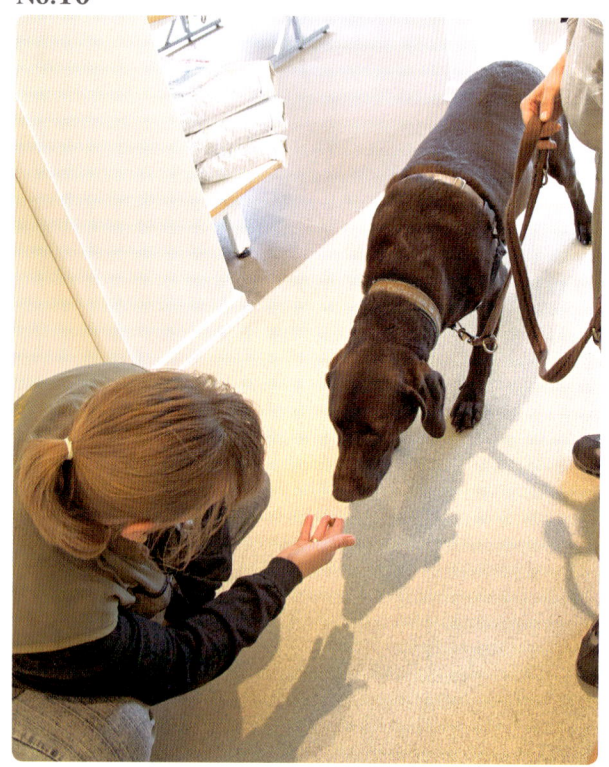

No.12

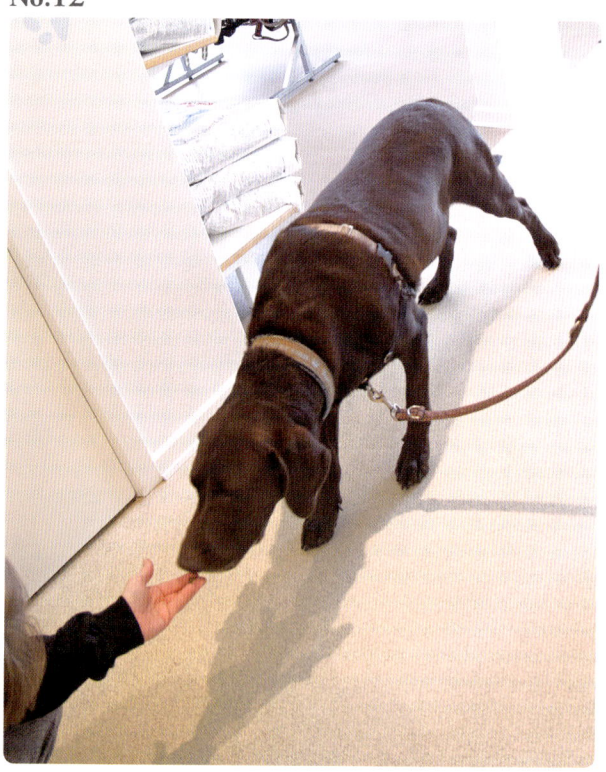

No.11

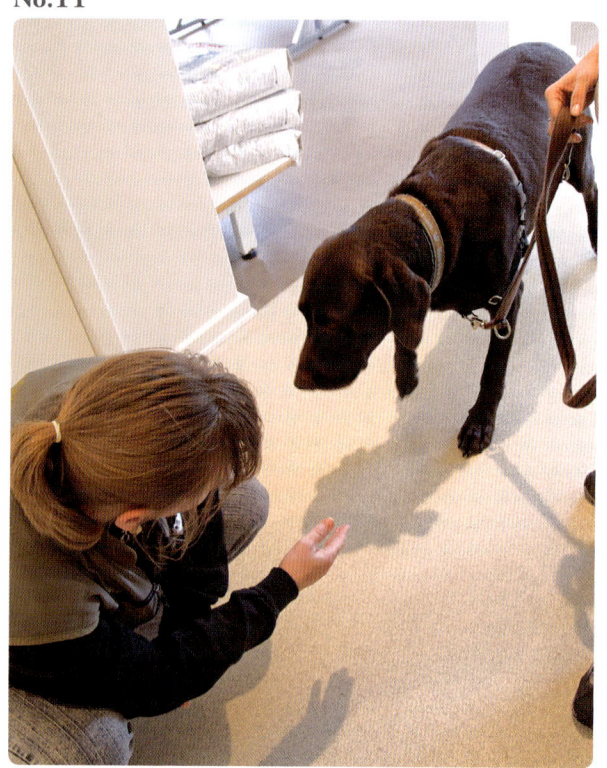

これが前述した通りのことである。ここまで来るとワトソンは、「もうできません」とばかり止まってしまうのだ。トリーツを取ったものの、さっさと後ずさり（写真No.11）。これを癖づけないように！

No.13

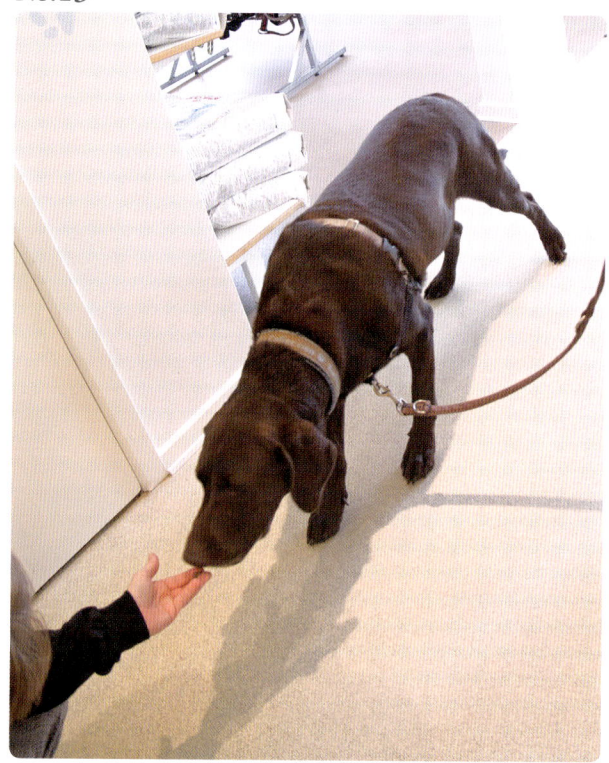

「徐々に難関を克服させる」と言ったのは、このことである。（写真No.10）の頃に比べると、ここでは10cmだけだが、ワトソンはなんとか首をよいしょと伸ばし、以前より廊下に入ってくる距離をのばした。

これでいいのである。というわけで、ここまでがんばれば上出来。ここで訓練を打ち切り、次回行うときは、また簡単なところで（ドアの中に入ったところとか）終わらせて家に帰る。

Chapter **7** 動物病院&獣医師が苦手な犬たちへの対処法

7-2 診察台でおとなしくしていられない犬

エイミーの獣医師嫌いは、ワトソンの深刻なケースと比べると、飼い主の過保護に起因するものです。これは小型犬によくありがちですね。小さくてか弱く見える。だから私たちは、ついつい事をオーバーに考えて、過剰な保護を与えようとする。犬が診察台でちょっと怖がっただけで、飼い主Dさんは「まぁ、かわいそうな私のちっちゃなエイミー！」とばかり抱き上げてしまうのです。だからエイミーの怖がり感情は余計に、強化されてしまう。

私は普段から飼い主に、「犬にとって、私たちが頼りになる存在になれ」と口を酸っぱくして説き続けていますが、何事もバランスが大事です。犬をほとんど限界の所に立たせて、自分で世の中の事象を処理するメンタル・キャパシティを持たせるのも、時には必要です。そうすれば、犬に「あれ、恐ろしいと思っていたけれど、実は何も怖いことは私に起こらなかった！」と学習する機会が与えられる。これがすなわち、将来への自信につながるというわけです。

以下に示しますが、実は犬たちは、少々限界まで追いつめられても、ちゃんと模範的な行動を見せているということ（P130の写真No.14参照）。これを、おそらく多くの飼い主は見逃している（そして褒めることも見逃している）とも考えられます。

■ ジャックラッセル、エイミーの場合

No.1

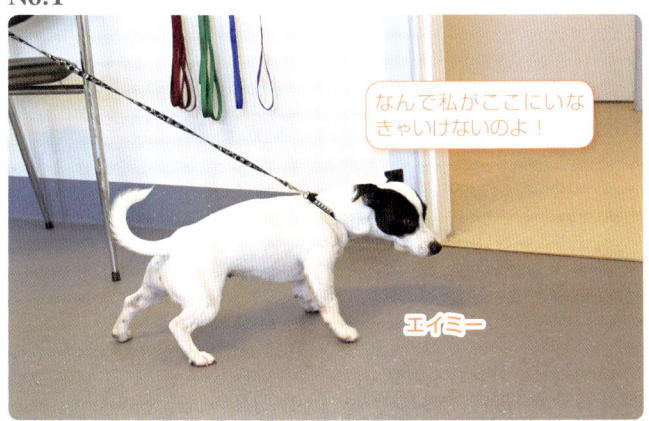

> なんで私がここにいなきゃいけないのよ！

エイミー

嫌いという意志の中に恐怖心が見えるかどうか

ジャックラッセルのエイミーも病院嫌いで、このように診療室に入るなり、外に出ようとする。だが彼女の場合、ワトソンと異なるのは、診療所にトラウマを感じるほどの恐怖感を抱いてはいないということ。彼女は単に、この場所が嫌いなだけである。その証拠に「なんで私がここにいなきゃいけないのよ！」と言わんばかり、尾がこのようにピンと上にあがっている。ワトソンの場合では尾が脚の間に入っていた。

No.2

> チッ！獣医がきちゃったよ

「チッ！獣医がきちゃったよ」というのがこのエイミーの態度だ。とたんに尾が下がる。耳も後ろに引かれている。

No.3

No.4

No.5

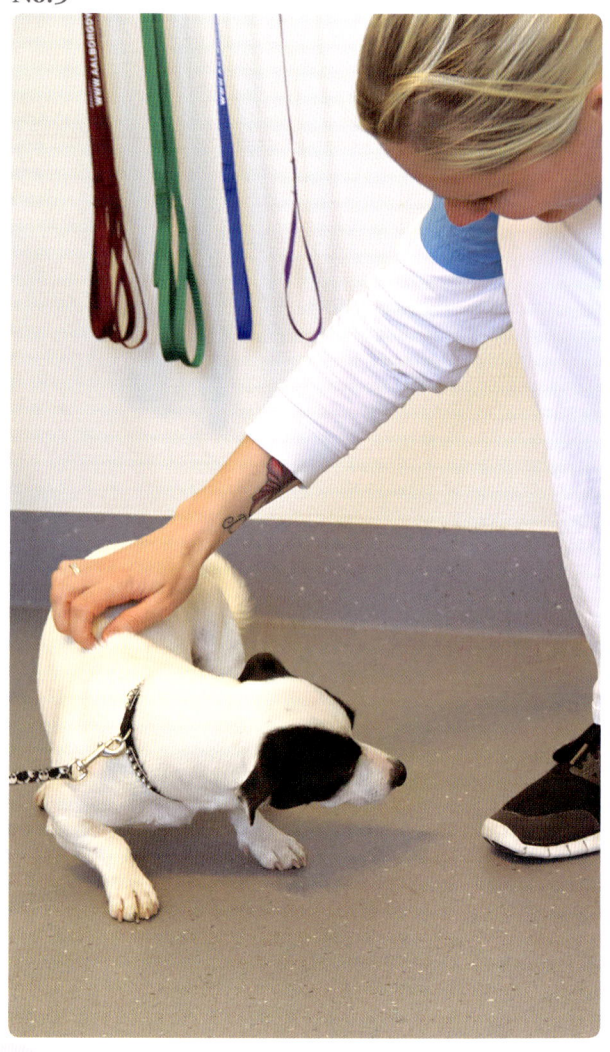

このときの獣医師の行動に注目！

　獣医師に注目してほしい（写真No.3）。彼女は部屋に入ってくるなり、いきなり犬の側に行くようなことはしない。ドアのところで止まった。まずは犬が、自分からあいさつにやって来るのを待ってあげる。犬が自分や状況を確認する時間を、十分与えているのだ。そして犬の脅威にならないよう、体も前にかがめず、まっすぐに立って完全な静止状態。ぜひこの態度、犬を扱っている方は見習ってほしい。私は多くの動物病院で、動物にあいさつもろくろくさせずさっさと犬をつかみ、診察台に乗せてしまうケースを見てきた。

　もうひとつ注目したいのは、エイミーの下がっていた尾が（写真No.3）、上がっている（写真No.4）。エイミーは彼女のニオイを嗅いでその存在を認め、ほっとしたところだ。そこで獣医師は、今度はしゃがんでエイミーとあいさつをする。しかしエイミーはまだまだ疑惑でいっぱい。耳が後ろに引かれているし、体も丸くなっている。体の重心も後ろ寄りだ。

居心地の悪さが、ボディランゲージから見てとれる

　エイミーはジレンマ状態。たしかに人に撫でられるのは何よりも好きなのだ。しかし、このタイプの人間（つまり獣医師のこと）と関わるとろくなことがないと知っている。それで、このボディランゲージを見せる。撫でさせながらも、居心地悪いと思う気持ちを、低い姿勢、丸まった背、後ろに引かれた耳で、表現している。この気持ちを汲みとったこの獣医師は、しばらくしゃがんだ状態でエイミーに話しかけていた。

Chapter **7** 動物病院&獣医師が苦手な犬たちへの対処法

No.6

「あれれ、今、いったい何が起こったの？？」

No.7

そして、そっと診察台へ

そして時を見計らってそっとエイミーを抱き、診察台に乗せた。エイミーの「あれれ、今、いったい何が起こったの？？」という戸惑い感情が耳に表れている。私がヘリコプター耳とか、グーフィー耳と表現しているそれである。人間的な表現ではあるが、いかにも間が抜けた表情ではないか！

何はともあれ、この獣医師の犬の扱い方は満点だ。犬を安心させてから"本業"に入る！

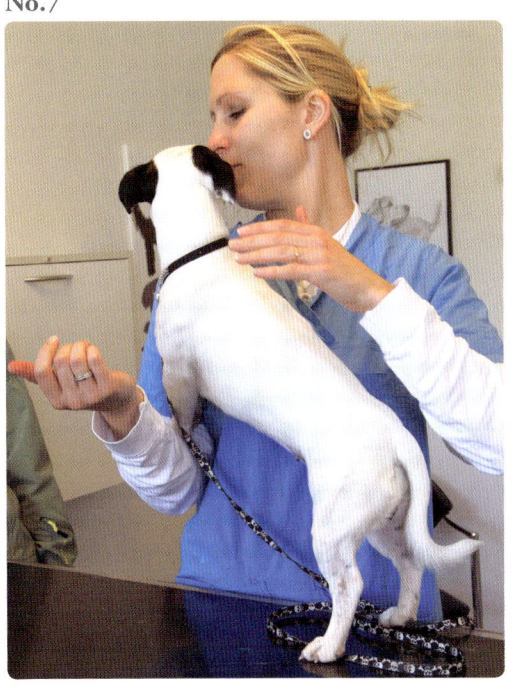

小型犬に多くみられる、落ち着きのない行動

テーブルに乗ったとたんに、このように人間に絡み付いてよじ登っている犬は、甘やかされて何もルールを知らずに生きてきた小型犬に多い。

飼い主がすべきだったことは、犬をテーブルに乗せたら、落ち着いた態度で撫でながら話しかける。そして、犬もおとなしくする瞬間があるはずだから、そこで静かに褒めて、ご褒美としてテーブルから降ろしてあげる。そんな訓練を何回も続けながら、高いところに保定されることに慣らしてゆく。しかしLさんは、テーブルに乗せたとたんにしたい放題させていたので、エイミーは落ち着くことを知らない。とにかく高いところに乗せられたらガチャガチャと振る舞うのは、この時点でもはや彼女の癖となっている。

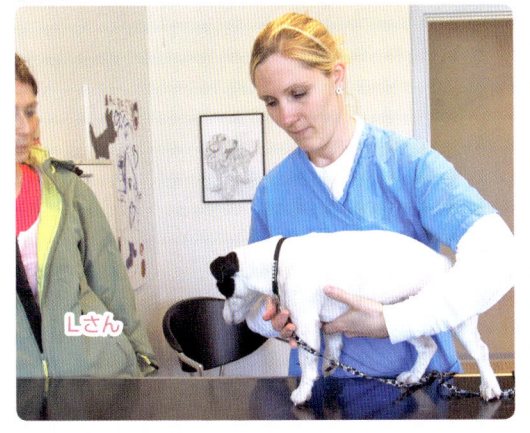

■飼い主との信頼関係が見て取れる

No.8
Lさん

残念なことに、こんなに「困難なとき」を迎えているにも関わらず、エイミーはまったくLさんにコンタクトを取っていないし、Lさんもしかりである。

このときに獣医師が、愛犬の行動を「しつけてくれる」などと期待しないように。彼らはトレーナーではない。体の状態を調べて、獣医としての仕事をしているのにすぎない。獣医師の手に渡っていても、犬の行動の責任を取るのは飼い主。私たちは一旦、犬を誰か（特になんらかの権威のある人）に預けてしまうと、どういうわけかその人に依存してしまいがちだ。獣医師の元に来ると「彼らこそ、犬のエキスパートだから、お任せ！」と、すっかり責任放棄をしてしまう。しかし、誰の手に渡っていようと関係ない。飼い主は積極的に犬の行動に介入し、しつけを行うこと。

No.9

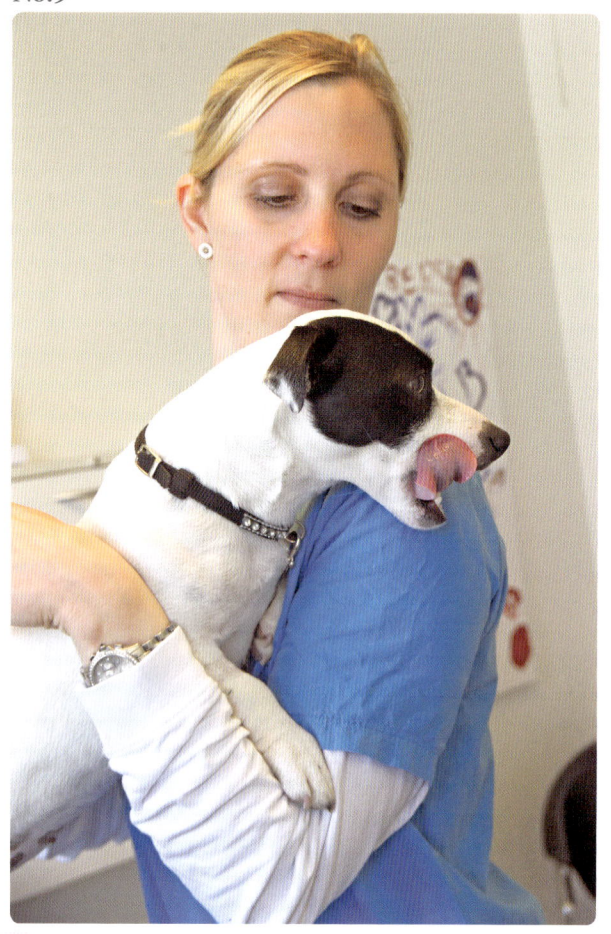

No.10

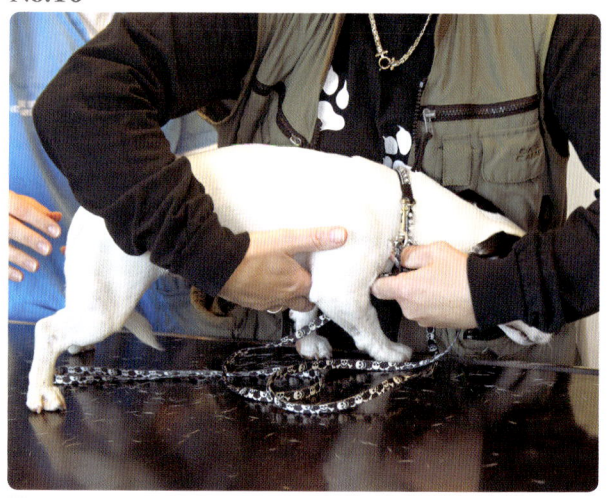

診察台に乗っていられるための練習を開始

ここで私が、エイミーの行動を処方する方法を飼い主に見せることにした。私という知らない人間がやってきたので、彼女の尾はすっかり脚の間に。なので飼い主に、常にエイミーに話しかけているようアドバイスした。

フラストレーション（欲求不満）の表れ

獣医師が触診している間も、エイミーはテーブルから降りたいあまりに、また抱きついてくる。エイミーの病院嫌いは恐怖に起因するものではないということを、トレーナーであれば予め判断できているようでなくてはならない。それによって、訓練方法がまったく異なってくるからだ。

同じ病院嫌いでも、ワトソンと表情も行動もまったく違う。ワトソンは完全にすくんでしまっていた。それに比べ、エイミーが舌を出しているのは恐怖心ではなく、この場から出れないフラストレーションを表している。

No.11

案の定、エイミーはまた体によじ登ってくる。このとき私は犬に静かに話しかけながら、同時に「机に降りなさい」という断固とした意志を見せた。このテクニックは大事である。怒る必要はない。犬の気持ちをサポートしてあげながらも、断固とした気持ちを見せればよし。

Chapter 7 動物病院&獣医師が苦手な犬たちへの対処法

この瞬間を逃さないように

No.12

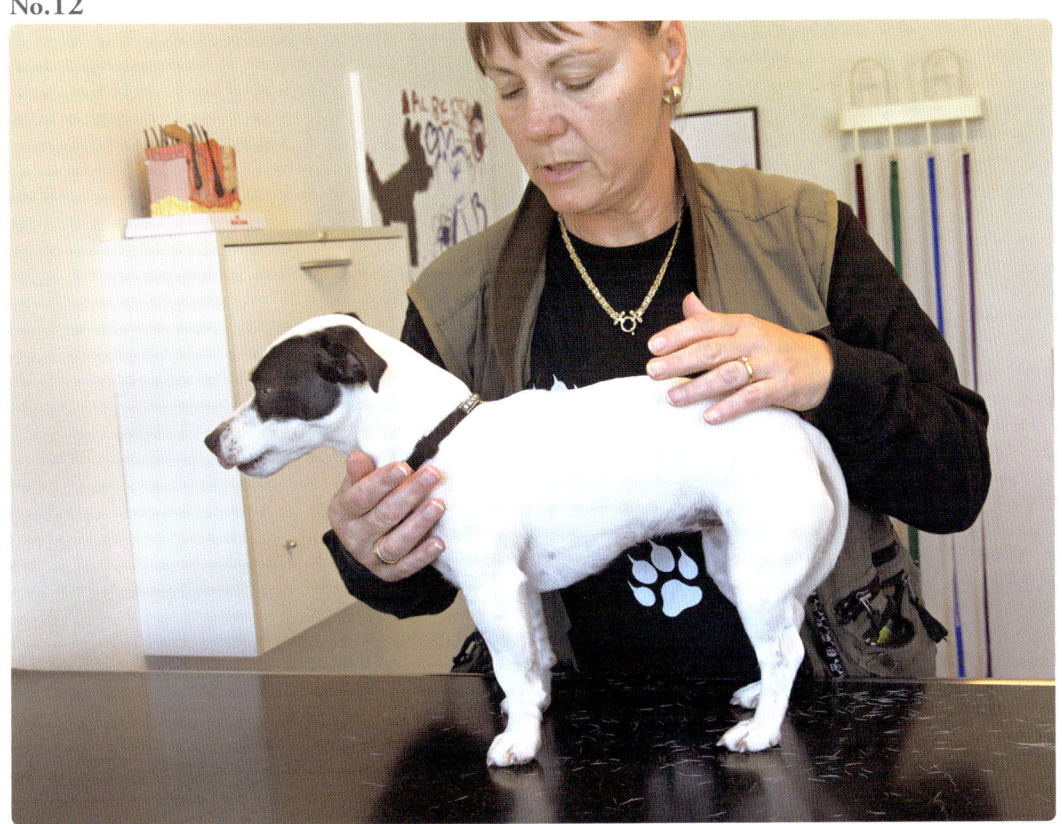

　いくらジタバタしている犬でも、こんな風に一瞬、机に四つ脚をつけるときがあるのだ。このときに私は「あなたの側にいるから！」と、できるだけ体を彼女にくっつけてあげる。もちろん脅威とならないように、体はかがめないようにする。両手で体をやさしく支え、自分で犬の暖かさを感じるように、犬と一体化しようとする。

No.13

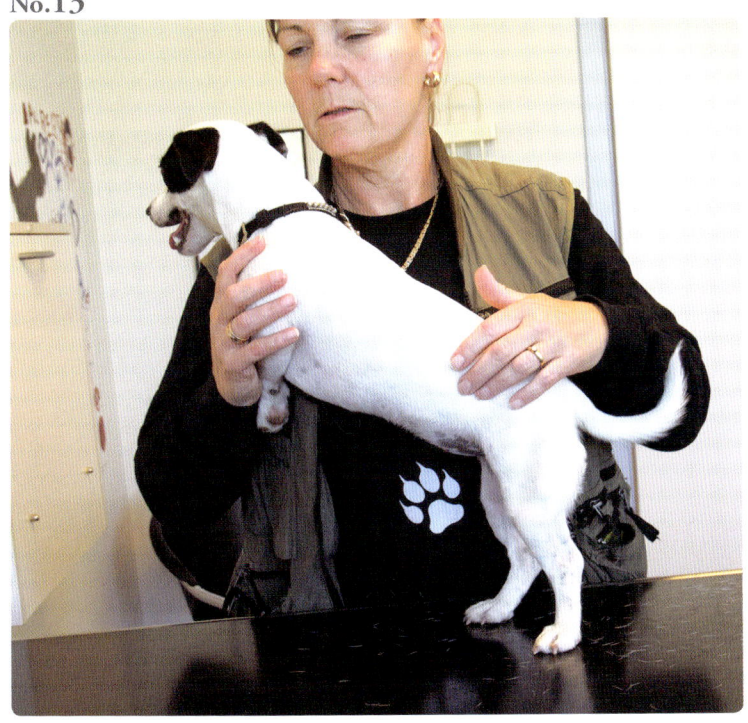

　もちろん、一瞬静かになったからといって犬はすべきことを学習したわけではない。何回か繰り返しが必要だ。こうしてエイミーは、また体によじ登ろうとする。「コラッ！」とか「イケナイッ！」などと強い声を発することなく、また犬を強く押し返したりもせず、「降りなさい」と断固とした口調で命令をしながら…。

■褒めることを忘れずに！

　…彼女を静かにテーブルに戻した。すると、ほら！　犬はちゃんと、自分で静かにテーブルに立つことができるのである。この瞬間を多くの飼い主は見過ごし、褒めるのを忘れているようだ。あるいは、いったんテーブルで静かに立ったら、その状態がいつまでも続くとつい期待してしまうのだろう。

No.14

　最初の訓練で完全に学習をするというのは、無理である。結局、犬はまたよろしくない行動を見せはじめ、ついつい褒める機会を逃してしまう。

　私は、エイミーにとって今日はもうこれで十分だと思ったので、この後テーブルから降ろした。

　ちなみに彼女がテーブルに自分で立っている瞬間にトリーツを与えなかったのは、もしトリーツを与えると気持ちが盛り上がり興奮し、私によじ登りはじめてしまうから。

　もうひとつ気づいてほしいのは、エイミーが顔を背けていること。私とはコンタクトを取っている状態ではない。もし彼女がテーブルに脚をつけていて、かつアイコンタクトを取っていたら、おそらく私はトリーツで褒めていただろう。

No.15

あたし、なんとか、この困難を生き延びたのね！

気持ちを切り替えるための転移行動

　一番よくできた時点で、トレーニングを終わらせるべし。床に降ろされた瞬間「やれやれ！」とばかりエイミーは急いで体を振った。「あたし、なんとか、この困難を生き延びたのね！」とでも言っているようだ！

Essay 4 動物病院が苦手にならないようにする練習

口、耳、鼻、どこでもさわれるように
犬のメンタル・キャパシティ（許容量）を拡大

■ 子犬の頃からはじめよう

　体をさわらせてもいい訓練は、獣医での診察を可能にするためだけでなく、飼い主と犬との信頼関係を作るのにもとてもいい機会となります。特に顔の部分をさわられるのは、犬にとって本能的に居心地の悪いことです。が、それでも、飼い主は決して自分に危害をくわえるようなことなどない、と学習することができれば、それはあなたと愛犬の関係における基礎となり、強い信頼関係を作るのに多いに貢献するはずです。愛犬を子犬として迎え入れた時点ではじめるのが、理想的です。

■ 合図をしてから触ることを忘れずに

　大事なことは、犬のハンドリングの際に、必ずコマンド（合図）を入れること。いきなり頭を触られるよりも一言合図が出される方が、犬は次に何がくるのか予想できるので、気持ちを落ち着けることができます。

　コマンドを入れるもうひとつのメリットは、将来動物病院に行ったときです。このコマンドが出されれば、普段のあなたとの訓練で別に恐ろしいことが起こる訳ではないと学習しているので、知らない人にさわられるストレスも軽減するというわけです。

■ たとえば「ヘッド！」（頭を触る）の練習

　私はコマンドを出す際に「ヘッド（＝頭）！」という言葉を使います。頭を私の手に乗せて、という意味です。このコマンドが聞こえてくると、私の手がにょきりと出てきて、犬の下顎に添えられます。そうして、下顎を支えて頭全体を固定させてから、もうひとつの手がマズルに添えられます。そしてその手で、唇をめくったり、耳や目の周りをいじったり。

No.1
❶「ヘッド！」（コマンドを出す）
❷ 手を添える
❸「よし！」（解放の合図）

No.2
❹ リリース（解放／手を放す）
❺ トリーツ（ご褒美のオヤツ）

　まず「ヘッド！」と言う。手をあごの下にもってきて、犬が頭を瞬間保持してくれた。そして保持しながら「よし！」と褒めて、リリース（解放する）。そしてトリーツ（ご褒美のオヤツ）を与える。ここで気をつけてほしいのは、手を離してから「よし！」ではなく（よくあるミスである）、手が添えられている間に褒めることが大切。そして、リズムをもって行うこと。手を添える→2、3秒間、犬はそのままの姿勢→「よし！」→手を犬のあごから放す→トリーツ。

　「コマンド、手、よし、リリース、ご褒美」をリズムをつけて何回か繰り返し、そして休憩。また繰り返し。動物はリズムで学習するのが好きだ（人間も含めて！）。

　こうして私は、犬の顔周辺について動物病院でも「検診」ができるように訓練するわけです。一旦、犬が飼い主のハンドリングに慣れたら、今度は他の人に頼んで同じことをしてもらいましょう。こうすれば、いざ病院に行って他人にさわられても、それほどストレスに感じることはなくなるでしょう。

ダルメシアン、ゲオとのトレーニング

No.3

マリアさん

ゲオ

8歳のダルメシアンのオス犬。飼い主のマリアさんとゲオはすてきなペアである。彼らは息がぴったり。呼び戻しもばっちり、コンタクトは抜群だ。マリアさんの念入りな訓練のおかげで、彼は「世間慣れ」をしており、ビクビクして生活することはない。

No.4

ここでも、不安に満ちた表情など一切なく、とても誇らしく座っている。

No.5

とても幸せそう。

Essay **4** 動物病院が苦手にならないようにする練習

飼い主の姿勢に注目

No.6

No.7

2度目のチャレンジ

No.8

> いったい彼女は、なにをするつもりなのだろう…

　そこでマリアは、今度は体を前に倒さないで、できるだけ垂直にすわろうとしている。とてもよい姿勢だ。しかしゲオの耳は後ろに引かれ、「いったい彼女は、なにをするつもりなのだろう」という表情だ。

　マリアさんは体を上からかぶさるようにして立っている（写真No.6）。このような姿勢は犬をあまり居心地よくせず、不安定にしてしまう。よって、何を飼い主が意図としているかわからず、嫌がる（写真No.7）。

No.9
転移行動の表れ

案の定、ゲオは転がってしまった。これは、やりきれないストレスを抱えたときに気分を立て直そうとする"転位行動"と呼ばれる動きだ。マリアと協調したいのだけれど、やっぱり意図がわからずその場を逃れたいと思っている。マリアとゲオのコンタクトは、普段とてもいい。が、たとえコンタクトがよくても、犬のパーソナリティー（個性）に強さがないと、こんな風にすぐにフラストレーション（欲求不満）を感じてしまうものである。なので、決して飼い主だけの責任ではない。

■ 転移行動はストップさせた方がよいのか？

ところでよく飼い主から、首筋を掻いたり転がったりする転位行動について、「ダメ！」を言うべきかどうかの質問を受けることがある。私の答えは「そんなとき犬にダメというのは、ダメ！」である。人間の場合を考えてほしい。もし、私たちが見せる転位行動をいちいち人に指摘されたら、どう思うだろう。人前でスピーチをしなければならないとき、つい緊張のあまり頭を掻いてしまうのは、転位行動のひとつだ。やはり掻きたいものは掻きたい。それをネガティブな意図を持って、誰かに「頭を掻くな！」と阻止されれば、余計に緊張感が増し、スピーチはよりしどろもどろになってしまう。

それに、緊張感のはけ口を拒否された犬は、果たしてあなたのことを信頼してくれるだろうか？　これもまた、人間の場合を考えてほしい。友人や恋人に転位行動を指摘され、いちいち文句をいわれたら？　やはり「私の気持ちをわかってくれない」とその人に対して信頼感を失うはずである。

緊張感をなんとか放つための行動を取るのは、生き物としてごく自然なこと。それを拒否され続けると、フラストレーションは内の中にどんどんたまってゆく。そしてある日突然、爆発。それが問題行動として表される。その頃になって飼い主は、どうして今まであんなにお利口さんに振る舞っていた愛犬が、突然まるで言うことを聞かなくなり、飼い主の存在などないかのように振る舞うのか…？と理解に苦しむ。

…と私が話したら、ある人は「いや、でもこの行動は犬の自制心のなさ故に表れた行動だから、やっぱり矯正すべきだ」と意見をした。そこで私はこうアドバイスをした。「自制心のなさによって表れる行動と、転位行動による行動の違いを、状況によって見分けるべきです」。

ところで転がるのは必ずしも、ネガティブな状況だけではない。うれしくて転がり回るときもある。

No.10
寝ころんでしまうゲオに見せる、飼い主の表情に注目！

飼い主の表情の変化を追ってほしい。最初は、うっすら笑みを浮かべていたものの、犬が座らないと、どんどん表情が硬くなっていくのがわかる。これは、悪循環！　犬に更なるストレスを与える。最後には、ゲオは寝転んでしまう。もっと訓練はリラックスして！

No.11
No.12
こんなときは、「違う！」の合図を！

犬がどうしても飼い主の意図がわからず、ゲオのように立ち上がって、まるで別の行動を見せる、あるいは手を添えたものの顔を別の方向にどうしても背ける場合は、「違う！」というシグナルを入れて、別の行動を見せてもらうようにすること（違う＝今の行動を止めて、何か他の行動をやって）。この場合、ゲオが座ってくれたら、多いに褒めてあげる。

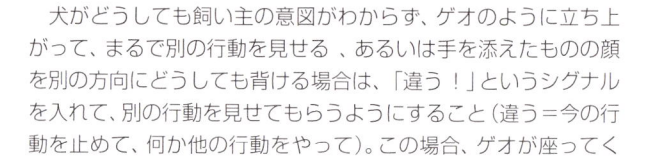

Essay 4 動物病院が苦手にならないようにする練習

立っている位置を変えて、再びチャレンジ

No.13

マリアさんはもう一度やり直し！ 犬に直面するのではなく、犬の横に位置するようにアドバイスをした。すると、ゲオは今度こそマリアさんの手の動きを許した。

次のステップ「歯を見る」練習

No.14

マズルに手を置かれることに慣れた時点で、次なるステップは歯を見ること。上に手を据えながら、すみやかに親指で上唇をめくる（右、左両方）。

体をさわらせる訓練を行っているにもかかわらず失敗してしまった場合は、マズルから口、耳、目を見るという風に一気にやりあげてしまうからだ。ひとつひとつのステップを踏みながら、訓練してほしい。ここでは、まずゲオの下顎に手を添えるところからはじまり、そこで一度休憩。その学習が完了したら、次はマズル、次に唇を開く、次に目を見る、と徐々にトレーニングを入れている。

そして、ひとつのタスク（課題）を成し遂げた瞬間「よし！」と褒め言葉を与え、そして手を離す。そしてトリーツ。一気にすべてのプロセスを行ってしまうより、その部位、部位で褒めるほうが、犬は何に対してご褒美が与えられたのか理解がしやすくなる。

■このミステイクは多いので注意！

No.15

しかし、言うがやすし行うが難し。最初が上手くいったものだから、自信を得たマリアさんは、うっかり次のステップに急いでしまう。このミステイクは本当に多い！ 両側の唇を見た後、十分学習の繰り返しもせず、一気に目の検査まで進む。

No.16

しかし、ゲオにとっては、これはややプレッシャーとなった。ゲオの表情を見てみよう。マリアさんは、ゲオの許容範囲を超えてしまっているのだ。これではゲオは学習ができなくなる。

No.17

この瞬間に「よし！」を言うべき。そしてリリース。

No.18

しかし彼女はそうせずに、さらに進んでしまった。

No.19

そして耳のニオイを嗅ぐ。

No.20

もう、これで勘弁！

ここでトレーナーは訓練をストップさせるべき！

　彼の嫌がっている気持ちを示す表情。顔をそむけ、視線が定まっていない。マリアは、彼を自分のところに戻そうと引っ張ろうとしている。ここで止めるべきだ。

　これも多くの飼い主にありがち。自分がどんなに上手に犬を扱えることができるか、他人に見せようとして（この場合、マリアさんはトレーナーの私に見せたかった）、犬が示している「もう、これで勘弁！」というシグナルをうっかり見逃してしまうこと。飼い主の気持ちはよ～くわかる！　自慢しておおいに結構なのだ。マリアさんのような飼い主は、たいてい目的意識が高く、生真面目、勉強熱心で、完璧主義。しかし、せっかく愛犬と築いてきたものを、うっかりしたミステイクで壊してはいけない。飼い主として、あくまでも「ボディランゲージを読む、そしてその折りに正しく反応する」、という信念をぜひ貫いてほしい。

Essay **4** 動物病院が苦手にならないようにする練習

No.21

その場を離れたくなり、ゲオは私のところにやってきて、

No.22

また飼い主の所に戻り、あくびをひとつ。自分をなだめるための、あくびである。

No.23

ゲオはまた、転がる。ゲオはストレスを感じるたびに、転がることでそれを発散しようとする犬だ。彼のような犬は、決して珍しくない。

No.24

転がった後に、また誇らしげに、マリアさんの横で座るポーズをとる。ここに強制によるストレスは一切見られない。彼は根本的にとてもハッピーな犬なのだ。そしてこのペアは、とても仲良しですばらしい協調関係を築いている。しかし、「獣医さん」訓練において、マリアさんはゲオに少々多くを要求しすぎてしまったようだ。ここで訓練のブレイク（休憩）。

Chapter 7 | 137

ブレイク・タイムはこのように！
～理想的な休憩のとり方～

　マリアさんは休憩の間、ゲオを自由にして気持ちを発散させるために、私と自分の間を行ったり来たりさせていた。しかしある時点で、ゲオを呼び戻すときに、声ではなく、彼のところへいって「ちょい」と彼のあごの下をつっついた。注意を喚起させ、アイコンタクト。そして別の方向へ走り出し、呼び戻しを行った。

　これは、とてもいいやり方だ。声をつかって「ゲオ！　ゲオ！　おいで！」といつまでも呼び続けるより、たまには彼のところへ行って「ちょっと、もしもし」と人の背をチョンチョンとつつくように犬の注意を向けさせるのは、多いに結構。なにしろゲオは、8歳半になる成熟したオス犬。8週目の子犬ではないのである。少しぐらいこちらが押し付けがましくしても、精神はへこたれない。

　一旦こちらを見れば、「よ〜し！」と楽しく反応し、そこですぐさま遊んであげれば、よりコンタクト力がつく。

No.26

No.27

138 | Chapter 7

Essay 4 動物病院が苦手にならないようにする練習

No.28

再び練習開始

リリース。そしてトリーツ！

ちょっとした変化に対応できない

No.29

　マリアはどういうわけか、ヘッドというコマンドの後に、あごに添える手を、右手から左手に変えた。そんな小さな変化に対しても、犬はとたんに、いつもと違う！と動作が出来なくなり、困惑してしまう。

　「あれ、ゲオ、さっきまで出来ていたじゃない！」とがっかりしないように。犬にとって、学習したときの視覚的映像というのはとても大事だ。概念を一般化させるのは、人間ほど得意ではない。

　トレーナーとして、この点を飼い主にわからせる必要がある。飼い主にとっても、「犬は概念を一般化できない」という〈概念〉はそれほど自明の理ではないから、つい人間に対してと同じことを犬から期待してしまう。我々が犬目線を培うというのは、こんなことの繰り返しである。

　添えられた手にどうしたらいいか、急にわからなくなり、ゲオは伏せをしようとした。このときに、ゲオの動きに抵抗しようとして、マリアさんのあごを持つ手が強く握られてしまった。残念だ。

　利き手を変えるには、最初のエクササイズが十分に入りきった後に。それなら、犬も余裕が出て「手がかわっただけで、やることは同じだ」と概念を一般化できる。以前学習したことを一気に思い出してくれるはずだ。

Essay **4** 動物病院が苦手にならないようにする練習

■ゲオのストレス・サインに気づくべき

No.30

> ここに座って、このわけのわからないエクササイズをするのは、やだなぁ。でもどうやら、僕はここにいなくてはならないし…

マリアさんは、また犬のストレス・サインをうっかり見過ごし、訓練を続けてしまっている。ヘッドというコマンドを出したときに、すでに犬は前脚を出して抵抗をする。「ここに座って、このわけのわからないエクササイズをするのは、やだなぁ。でもどうやら、僕はここにいなくてはならな

No.31

いし…」。
　この前にも、すでにゲオは顔をそらしたり、手をわずかに出すなど少々訓練に疲れたシグナルを出している。だからそれを確実に読んで、適当に訓練に休憩をいれるか、あるいは終了にしなければならなかった。

No.32

No.33

爪切りに慣れる練習を開始

　ゲオは爪切りが苦手だという。というわけで最初のステップをマリアさんに示した。まずは、爪切り道具のニオイを犬に嗅がせる。
　ただし、マリアさんの最初の間違い。犬が嗅ぎ終わっていないのに、さっさと取り去ってしまった（写真No.33）。だから、ゲオは鼻をのばして、まだニオイを嗅ごうとしている。特に爪切りは、この犬が好きなことではないので、満足がゆくまで思う存分嗅がせてあげること！

No.34

練習は一気にやり続けないように

　まず犬の足をつかむことから訓練する。抵抗もされず速やかにできるようになったら、足をつかみ、爪切りをただ足にあてがう。爪切りの感触に慣れてもらうため、決して、いきなり切ってはいけない。ゲオは決して心地よくないものの、この行為を受け入れている。その証拠に飼い主の顔を見ている。
　こうした練習を毎日少しずつ繰り返しながら、最終的には刃の部分を爪に置くのを慣らしてゆく。また、たとえ刃の感触に慣れても、一気に全部の爪を切らないこと。犬が「嫌だ」のサインを見せる瞬間を予想して、その前に終わらせておく。

BODY LANGUAGE

Chapter 8

環境エンリッチメントと犬のメンタル・ワーク

- ■ ドッグトレーニングはどうして必要なのか？
- ■ 犬が自ら考えて、答えを見つけ、行動する遊び
- ■ 頭の体操、犬の知育オモチャを使うゲーム

BODY LANGUAGE
環境エンリッチメントと
犬のメンタル・ワーク

8-1 ドッグトレーニングはどうして必要なのか？

動物園にも有効な「動物が活動的になる」環境

犬を飼っている方から、「どうして愛犬に、わざわざオビディエンスとか、意味もないアジリティを訓練させなきゃいけないの？」と質問を受けることがあります。中には「あんな無意味な行動を犬に号令で従わせるなんて、人間の傲慢！」と言う人もいます。

程度問題もあるでしょう。訓練の仕方にもよります。しかし私としては、小さな芸や簡単なオビディエンス技を教えるというのは、犬にとっての"環境エンリッチメント"（彼らが能力を発揮できるような環境を与え、できるだけストレスのない暮らしを設定する手段）と捉えています。環境エンリッチメントは動物園だけに有効なコンセプトではありません。文明という規則の多い環境に住むペットにも、おおいに当てはまるのですね。

犬だって、犬生を謳歌したい

現代の犬たちは「家」という環境を与えられ、雨風から逃れられ、手厚く保護を受けています。毛並みもすばらしく、バランスの取れた栄養を与えられています。獣医さんのところに連れられ、健康診断を受け、予防接種もしてもらい、病気であればすぐに手当てをしてもらう。あるいはすばらしくフカフカとした居心地のいい犬用のベッドまであてがわれているなど、戦前では考えられないケアをもらっています。

しかし、これは犬目線で考えると、彼らにとっての幸せ感の「たった一部」にすぎず、実はこれだけでは犬の幸せのすべてを成就させることができません。犬という動物は確かに、祖先のオオカミとは異なり、人間のいる環境に適応した動物です。しかし、現代のような何かと規則の多い「文明」世界で犬を飼うようになったのは、ここ数十年の傾向に過ぎません。戦前ですら、多くの犬は放し飼いで飼われていたものです。それについて社会で特に批判されることもなかったし、犬たちはかなり自由に生きていました。放し飼いの世界では、彼らは近所の犬たちともっと交流があったり、あるいは自分で狩猟をしたり（この場合、ごみ漁りも狩猟のひとつ）。当時、犬は「狩猟動物」という犬らしい感覚を使って、犬生を謳歌していたものです。

これは、ロングリードを使って足跡をニオイで追わせているところ。何も警察犬ではなくとも、犬たちは嗅覚を使うゲームを好んで行う。よい頭脳トレーニングとなる。

刺激のない生活でのストレス

人間の世界にたとえてみましょう。食べ物と健康診断を定期的に受けさせてもらっても、日常の刺激がない生活は、やはり退屈なはずです。まず知的、肉体的、視覚的な刺激がほしい。テレビだって見たい、本を読みたい、ゲームをしたい、ショッピングをしたい、スポーツをしたい、もう少し身体的な、あるいは知的な挑戦を求めたいものです。

数十年前まで自由に生きていた犬たちにとって、この突然のあまりにも居心地のよすぎる生活が、必ずしも彼らの幸せにつながらないのは、当時彼らが持っていた犬「感覚」を今では使えないことによるフラストレーション（欲求不満）に起因します。

愛犬の問題行動の原因が、刺激不足のフラストレーションによる、というのは決して珍しいケースではありません。おトイレのための住宅地の角までのお散歩だけで、どれほど脳が刺激されるものでしょうか。

ご存知ですか？　「何もしないでいる」「単調な生活を続ける」ということもストレスの原因となるのです。

Chapter 8 環境エンリッチメントと犬のメンタル・ワーク

忙しくしていることだけが、ストレスをもたらすわけではありません。何もせず刺激を受けないことから起こるフラストレーションが、ストレスとなります。

得意分野を活かせば、刺激やヤリガイが生まれる

犬は人間と同じで、何かを「追い求める」動物です。人間の場合は、たとえば「よい住まいを持ちたい」「幸せな家族を持ちたい」などが、我々人間の人生の追求のひとつとなっています。よってある程度のお金が必要です。そのための「働く」という意欲が自然に備わっているのです。

もっとも、お金があれば人生は怠けることができてさぞ楽しいかと思いきや、それはそれで私たちは何もすることがなければ、頭脳の刺激が得られず、すぐに退屈を感じてしまいます。「何かをしなければならない」というのが、生存戦略として生まれつき備わっているのですね。だからきっとスポーツや趣味に興じ、仕事に匹敵するヤリガイや刺激を何かと求めようとするはずです。

犬の場合、嗅覚や体感（手足を使う運動能力）を使って、幸せを追い求めます。嗅覚や運動能力の良さがなければ、敵から逃れたり、食べ物を得たりすることができない世界に生きていたのですから。

「脳」を使う生活は、犬も楽しい！

だからこそ、環境エンリッチメントというわけです。犬に簡単なオビディエンス訓練や、ドッグスポーツ、あるいは家庭でできるゲームを与えてあげる、というのは私たちの義務とも言えるでしょう。それが、アジリティでみられるような障害のジャンプであったり、嗅覚を使うゲームであったりします。これらアクティビティは、決して身体的満足感や嗅覚だけではなく、犬に「考える」という脳を働かせる機会も与えます。自然に生きている犬たちは（オオカミを含めて）、上手に生きていくために大いに「脳」を使っているものです。

人間は、愛犬を文明生活という型に入れておまけに私たちのルールに従って生きてくれと、彼らに多くの要求を押し付けている張本人です。私たちのルールには、社会のモラルも含まれています。たとえば近所の猫を追いかけない、周りの歩行者の迷惑にならないようリードがついていてもきちんと歩く、子どもと仲良くする、誰に対しても愛想よく振る舞う、云々。

ここまで愛犬に不自然なる人間社会のルールを守ってもらっているわけですから、どこかで彼らの生まれ持った犬らしい「センス（感覚）」を使えるよう、補ってあげなければならない。それも何とか社会の迷惑にならないように…。

その代わりとなるものを与えずに、ただお行儀よく振る舞えと、私たちの文明風の生活を強いる方が、よほど人間の傲慢とも言えます。

「生きている」と「存在している」の違い

もうひとつ。「生きている」ということと「存在している」との違いを知ること。ただ、食事を与えられ、撫でられ、雨風をよけて居心地よく住んで、人間のルールを破らない程度にお行儀に振る舞いあなたの（ために）周りにいる、というのは犬にとってただ「存在」しているということにすぎません。

しかし「生きている」というのは、犬の価値観からみて、犬らしい感覚を使わせてもらい、それなりにヤリガイがある生活をしているということ。

その犬種の持つ本来の能力を絶やさない

メンタルの面で愛犬を刺激してあげなければならない理由は、まだほかにもあります。犬は普段の文明的生活の中で、犬らしい脳の使い方をほとんど許されていないのですから、そのうち本当に犬の知能をだめにしてしまうということ。誰も愛犬に「馬鹿犬」なんかになってほしくないですよね？

これは子どもにたとえてみるといいでしょう。子どもを学校にもやらずに、ルールも与えずに家でのらりくらりとした生活をさせてみてください。子どもは頭脳を鍛えることができず、知能が発達しないで大人になってしまいます。

8-2 犬が自ら考えて、答えを見つけ、行動する遊び

これはオビディエンス・トレーニング（服従訓練）というわけではなく、犬がチャレンジを楽しむ遊びと考えてください。

Challenge 1 アスランの椅子乗りゲーム

オフィスにあるキャスターのついた動く椅子。ホワイト・シェパードのアスランに、この上に乗るというゲームをやってもらうことにしました。ちなみに、彼はすでに、何回かこのゲームを過去にこなしています。

台のような固定されたものに飛び乗るというのは簡単ですが、動く物体は犬にとって、とてもむずかしいもの。足場が不安定というのは、必ずしも居心地のいい状況ではありません。それにもかかわらず椅子に乗ってもらうというのは、あらかじめ私とアスランの間に信頼関係がないと成り立たないゲームです。あるいは、このようなゲームを通して信頼関係をさらに築き上げる、という見方もできます。

動く物体に乗ること自体、そもそも犬の自然に反しています。だからこそなんとか愛犬をうまく誘導し、椅子に乗ってもらうという訓練をすることで、犬は徐々に「僕が怖いと思っても、かぁちゃんが励ましてくれている限り、実は思ったほど怖いものではないんだ！」ということを悟ってくれるはずです。つまり犬は何があっても、恐怖心を克服して、より飼い主の言葉を信じるようになってくれるのです。

もっとも、動く椅子に乗るというのは、あくまでも犬が自主的に見せる行動をピックアップしながら、ステップ・バイ・ステップで訓練を行わなければなりません。

No.1

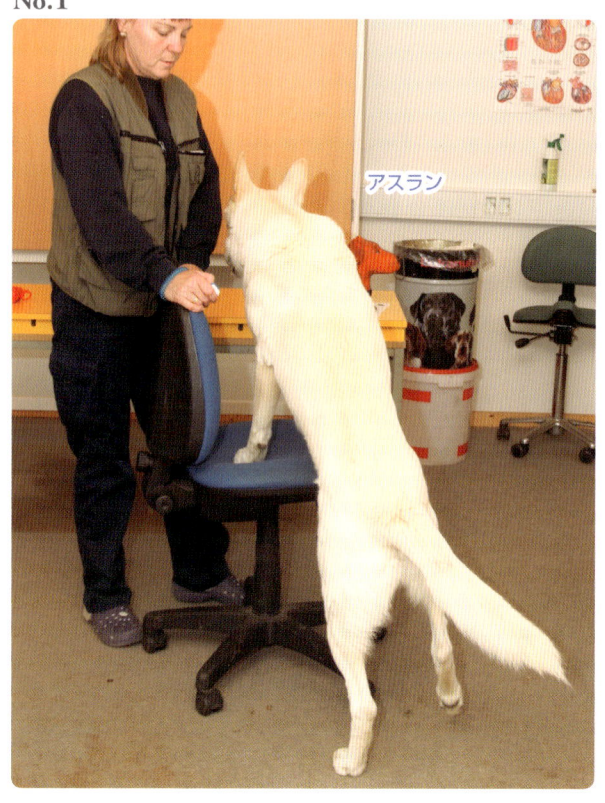

無理せず、犬の年齢と性格、そして訓練者の性格と経験値に合った遊びを行うこと

私は決して手でアスランを押すなど、無理強いしたことは一度もない。無理強いしないようにするには、訓練者にある程度の訓練経験が必要となる。なので、訓練の初心者がいきなりこのキャスターのついた椅子乗りゲームを行わないこと！

さらに、愛犬の性格と年齢にもよるだろう。若い犬であれば、何でも試してみたいという好奇心をモチベーションにして、簡単に教えることもできる。しかし難易度の低い遊びからはじめることだ。アスランはすでに慣れているので、この高さの椅子によじ登れるのだが、最初は何か低いもの、そして固定されたものからはじめてほしい。

また、何かと敏感で感じやすい性格の犬には、やはり訓練者に相当の経験がない限り、この遊びはお勧めできない。

さらに、この遊びの向き不向きには、訓練者の性格が大いに関わってくる。というのも、これらのエクササイズを学習させるには、犬の成功を導きながら行わなければいけないからだ。間違いを指摘しながら「ダメ！」を連発させて学習させても、あまり犬には効果がない。むしろ、犬からのモチベーションを落とすことにもなる。犬にとって、これらの遊びはあくまでも楽しく。だからこそ飼い主に対して信頼感も芽生えるというものだ。

Chapter 8 　環境エンリッチメントと犬のメンタル・ワーク

No.2

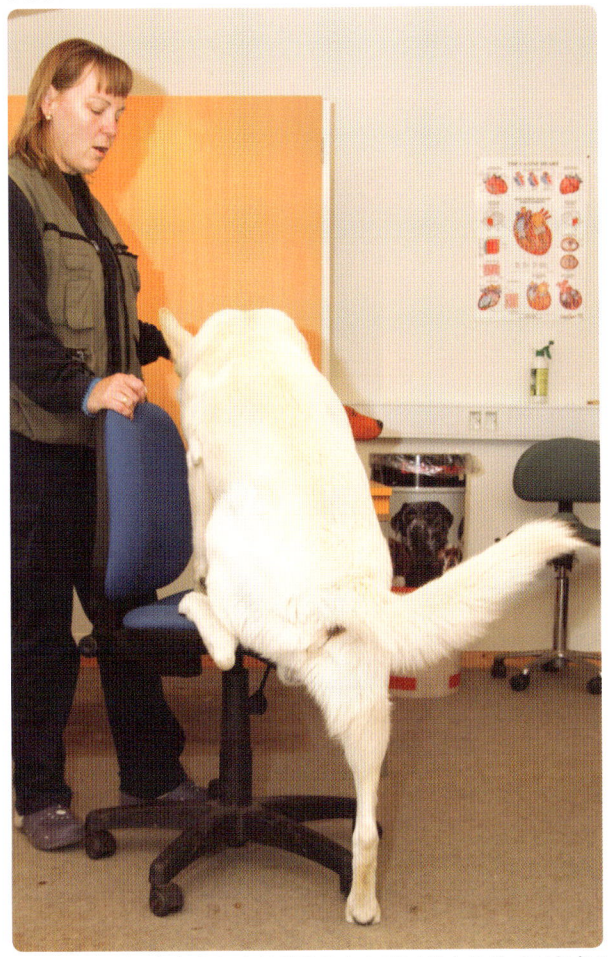

アスランは、なんとかよじ登ろうとしているところ。尾がピンと横に張られているのは、感情というよりも体のバランスをとるため。犬が集中しているのが、体全体から伝わってくるだろう。

ここでも私は決してアスランの体のどこも触らずに、彼を椅子へ誘導していることに注目してほしい。私はひたすら声で褒めたり、クリッカーで正しい行動をマークしているだけ。これを、オペラント条件づけと言う。

このような犬遊びにおけるルールは、犬が見せる自発的な行動を上手にピックアップして成功に導くこと。ここでちょっとでも手を使って無理強いをすれば、前述の通り、犬はすぐにモチベーションを失い、ついにはあなたへの信頼も失ってしまう。

「オペラント条件付け」とは

オペラント条件付けとは、動物の学習のひとつである。ここではアスランにオペラント条件付けの「正の強化」で学習させている（オペラント条件付けには、他にもあと3つ定義がある）。では「正の強化」とはどのような学習なのかを、他の具体例をあげて説明しよう。

たとえば、たまたまドアのハンドルをアスランが鼻でついたとしよう。その行為が思わぬ報酬となることがある。つまりドアが開くということだ。おかげでアスランは外にでて好き勝手をすることができた。…となると犬は自分が行ったある行動が「楽しい事」をもたらすと学習し、またドアのハンドルに鼻をツンとつけることを繰り返す。ここでアスランが学習したのは、すなわちドアの開け方だ。

アスランがたまたま椅子に手を置いたら、ご褒美が出る。ご褒美のおかげで、アスランはまず椅子に手を置くことを学習する。そんなことをステップ・バイ・ステップで繰り返しながら、アスランは徐々に椅子に登ることを覚えた。

これらの学習方法が、「オペラント条件付け」のなかでも「正の強化」である。

No.3

椅子に乗ることに成功

お尻が椅子からはみ出してしまっているが、彼はなんとかやり遂げた。まだ集中した気持ちが伺えるけれど、決してストレスで疲れてしまった顔ではない。唇はゆるりとリラックスしている。

No.4

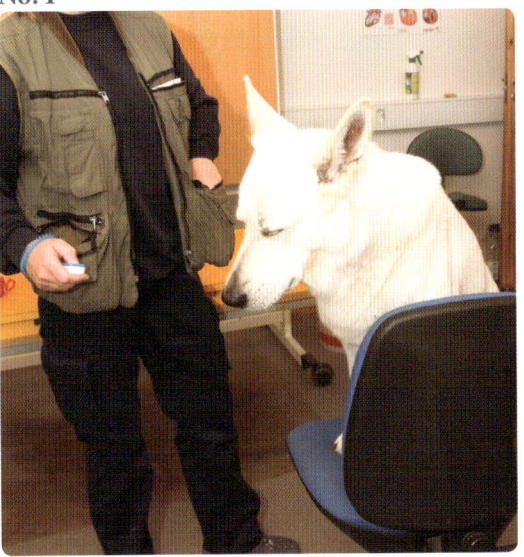

このときのアスランの気持ちは？

まだアスランは椅子にいる。彼は、自分の意志で椅子から飛び降りることだってできたはず。ここですかさず訓練者は彼の自発的な気持ちに対して気づくこと。そしてその意志をねぎらうべく、クリッカーを通して褒めてあげること！　写真はクリッカーをならし、トリーツを与えようとしている図。アスランの耳は広がっているが、彼の従順な気持ちを示している。「恐れ」のまじった卑屈な従順さではないのは、そのリラックスした唇に見ることができる。

No.5

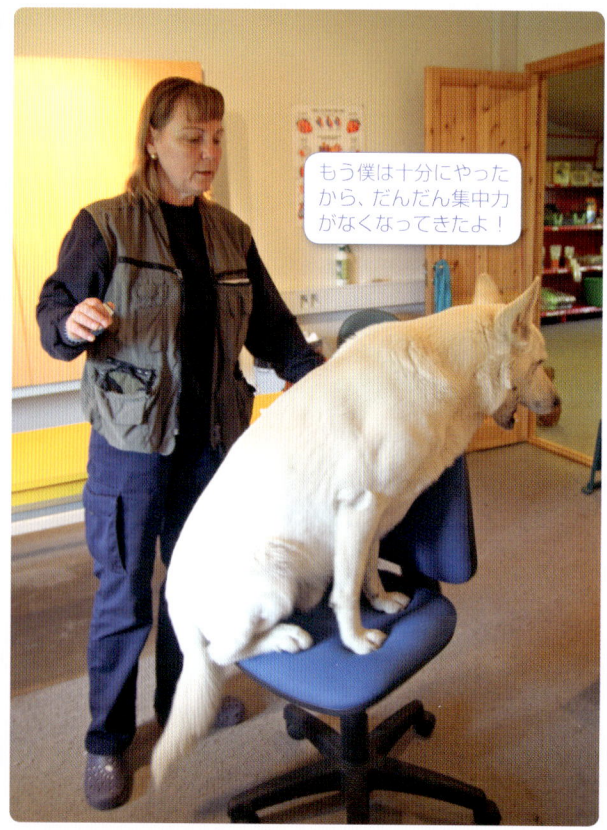

もう僕は十分にやったから、だんだん集中力がなくなってきたよ！

トレーニングをやめるタイミングも信頼につながる

　さらなる挑戦をアスランに課してみる。椅子をゆっくりと回す。しかしアスランはあくびをした。この時点で私はとっさにやめた。ここでアスランの気持ちを読まなければならない。「もう僕は十分にやったから、だんだん集中力がなくなってきたよ！」。このシグナルを逃さず、トレーニングを打ち切ることが肝心。このまま続けていくと、きっと犬は自分から椅子を降りてしまうだろう。そういう「失敗」状態を避けながら、犬ゲームというのは続けてゆかなければならない。さもないと私たちは、せっかく犬が今まで見せてくれた努力を踏みにじることになる。また椅子を降りてせいせいした犬は、自分の決断の方をより信じてしまう。

　犬の出すシグナルに応えてあげるというのはこのことである。私たちの応答が適切であれば、犬はより私たちを信じてくれる。そして、ここに犬との協調関係の図ができあがるというもの。彼は私の要求に応え、私も彼の要求に応えてあげる。

No.6

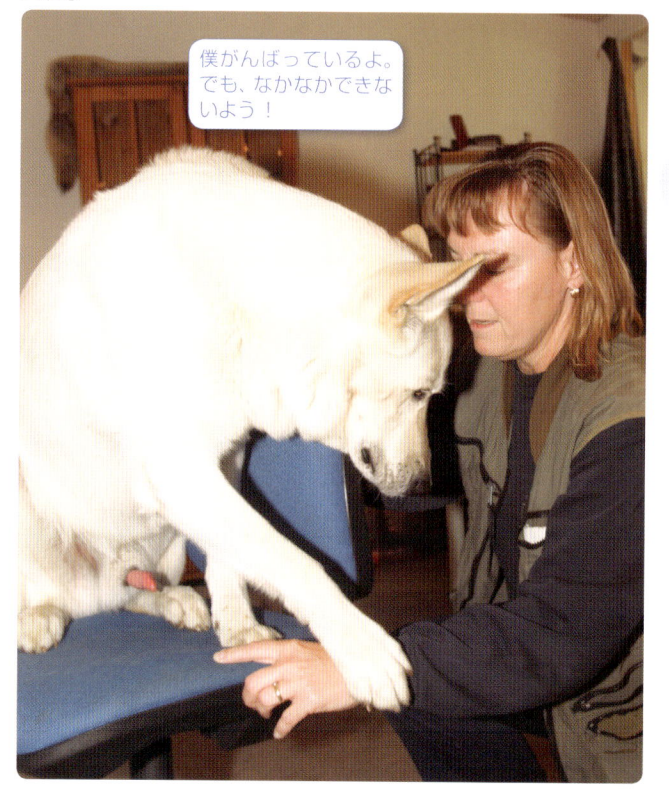

僕がんばっているよ。でも、なかなかできないよう！

休憩の後、遊び再開。次のステップへ

　しばらく間を設けた後、今度は椅子の上でフセをしてもらうエクササイズに。いつも私が見せるフセのハンドシグナル（前脚の間に人差し指を見せる）を出す。しかし、椅子の上は何しろとても狭い。「僕がんばっているよ。でも、なかなかできないよう！」とアスランは前脚を私に差し出し困惑の気持ちを見せた。がんばっている証拠に、陰茎が飛び出しているのがわかる。犬は、気持ちが高ぶると、陰茎を出すことがある。必ずしも性的に興奮しているわけではない。あまり「見て感じがいいもの」ではないが、だからといって飼い主は犬をこのことでとがめぬよう！

Chapter 8 環境エンリッチメントと犬のメンタル・ワーク

No.7

アスランはひたすら努力を続けるが、どうもフセをできる状態ではなく、困惑をして、そのかわりに私にキス（？）をした。何か別の行動を提示することで、アスランは自分をなぐさめている。なんとか打開策を自分で探し出そうとする犬は、いろいろな行動を見せてくれるものだ。これも小さい頃からのクリッカー・トレーニングのおかげだ。

No.8

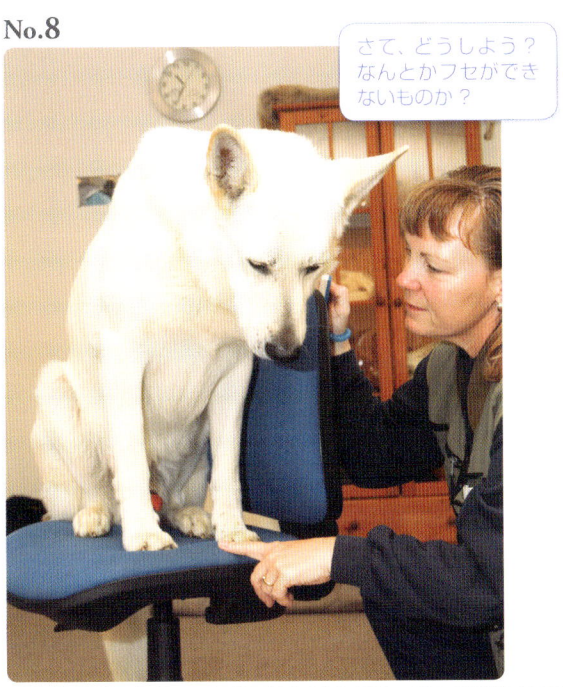

> さて、どうしよう？　なんとかフセができないものか？

耳が両側に広がっている。決してネガティブな感情を見せているものではない。私はまったくアスランに手を出していないし、彼は相変わらず自発的に椅子にとどまっているのである。この表情の意味するのは「さて、どうしよう？　なんとかフセができないものか？」と考え込んでいる集中状態。課題がむずかしくても、私と一緒に何かをしているということを明らかに楽しんでいる、という証拠だ。訓練者は、ひたすらこの犬の努力を褒めてあげること。そしてたとえすぐに行動を提示してくれなくても、あせらず彼に考える時間をたっぷりと与えてあげること！

No.9

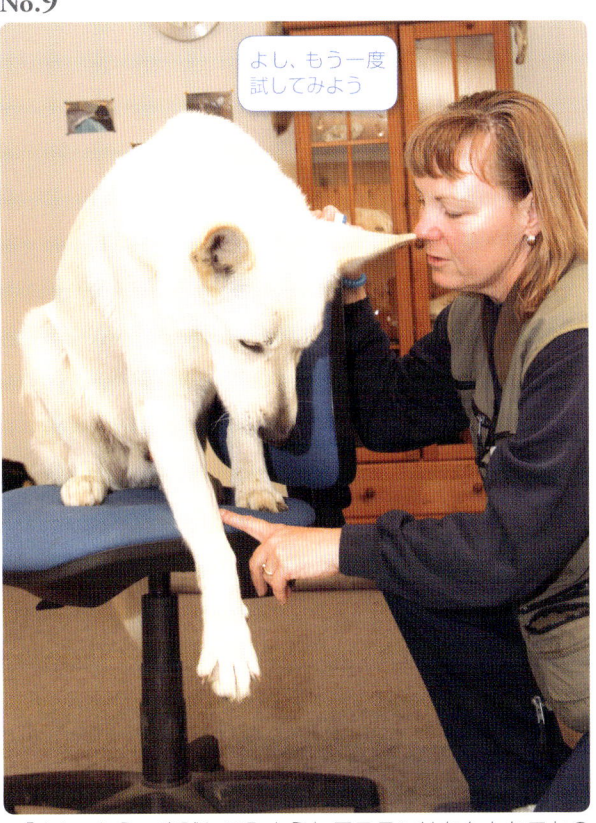

> よし、もう一度試してみよう

「よし、もう一度試してみよう」。アスランはなんとかフセのポーズを取ろうとする。集中している彼の表情（目の細さ、耳の傾き）などをよく見てほしい。

No.10

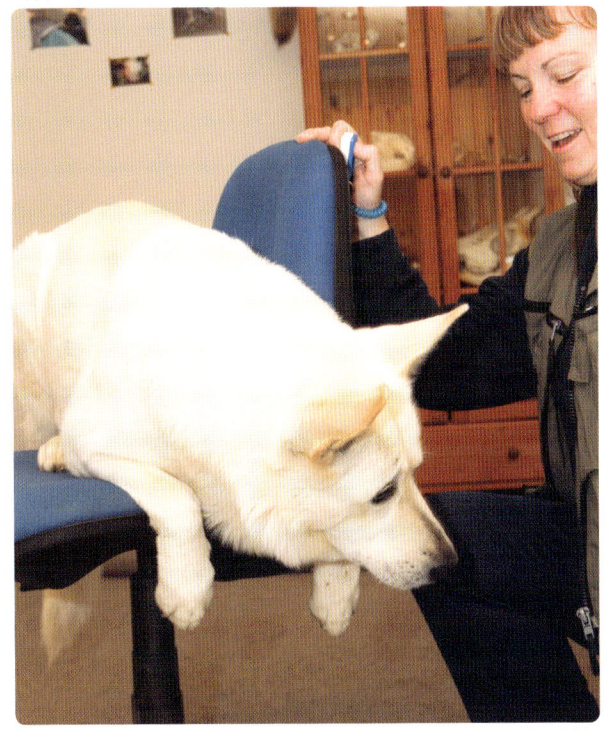

なんと！　アスランはとうとうやり遂げた！　クリッカーがなり、トリーツの到来を待つ。

Challenge 2　アスランの椅子押しゲーム

No.11

徐々にシェーピングを行う

　次のアスランと私のゲームは、椅子を動かしてもらうこと。前脚を椅子に置くことから訓練をして、徐々に精度を高めていく。
　このような、正しい行動に近い動きをしたら褒めることを繰り返し行い、行動を強化して、最終的にやってほしい行動に導いていく方法を、専門用語でシェーピングと言う。

No.12

　アスランはこの椅子を動かすゲームは大好きだ。一旦私の方向に来たものの、自分で勝手に方向変換をして、椅子押しを楽しみはじめてしまった。耳が後ろに向いているのは、注意が私に向けられているから。このボディランゲージも、きちんと読み取ってあげなければならない。このときこそ、アスランは私からの励ましを待っているのだから。「よ〜し、よ〜し」と声をかけてあげ、犬に自信を与える。これが、飼い主に対する信用にもつながるのだ。

Chapter 8 環境エンリッチメントと犬のメンタル・ワーク

8-3 頭の体操、犬の知育オモチャを使うゲーム

「励まし」が犬の安心感と飼い主へのつながりをより強める

訓練というよりも頭の体操をさせてあげるのが、知育オモチャのそもそもの目的です。環境エンリッチメントのひとつでもあります。もちろん咥えたり、鼻で押したりと、小さな技を学習しなければならないのですが。しかしその学習過程も、また犬にとって楽しいゲームというわけです。

No.1

このオモチャは、なかなか難易度が高く、初心者向けではない。まず3つあるフタを取って、そのあと仕切りの壁を取る。すると、トリーツが出てくる。

No.2

いきなりオモチャを試させるのではなく、このゲームに必要な技から教えてゆく。フタを取らなければならないので、まずフタを取る、という技から教える。

鼻の前にフタをかざして、犬がそのフタの方を見たら、クリッカーを鳴らしてあげる。そのうち、フタに鼻をつければまたクリック。

No.3

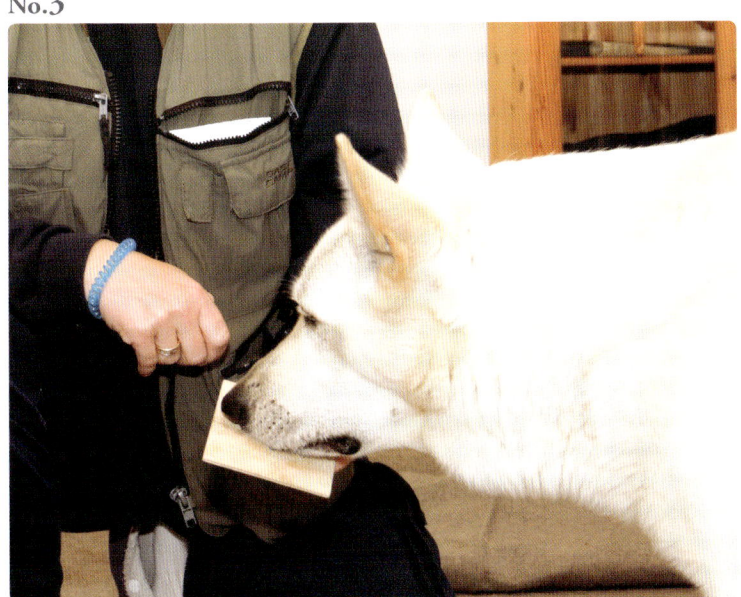

フタの取っ手を、歯を使って咥えたら、クリック。

No.4

次は、徐々にフタの持つ位置を低くして、犬が歯でさわるまでクリッカー・トレーニングを続ける。写真は、アスランが歯で取っ手をつかんでいる瞬間。

No.5

最終的には、床において犬が歯を使って咥えるまでトレーニングを続ければ、オモチャの遊びの準備は完了だ。口を開けているのは、もうこのゲームのコツがわかり、フタを咥えようとしているから。

No.6

次のオモチャ

アスランが大好きなオモチャを、私は持ってきた。

BODY LANGUAGE

Chapter 8 環境エンリッチメントと犬のメンタル・ワーク

ここで叱らない！
あくまでも楽しい遊びの時間

　彼は、ここで静かにすわって待っていなければならない。しかし、私が身をかがめると同時に、アスランは立ってしまう。

　ここでとやかく言わないことだ。ちゃんと、床に置くまで待たなかったので、私はさっとオモチャを取り除いて、直立の姿勢に立って、アスランの行動を伺う。彼が自分からすわらない限り、私はオモチャを与えないという段取りだ。

No.8

> あ、そうか！　僕が立つと、オモチャがなくなるのだ。では座っていればいいのだ！

　こうして犬は「自分の行動がどういう結果をもたらすのか」、という因果関係を学習することになる。「あ、そうか！　僕が立つと、オモチャがなくなるのだ。ではすわっていればいいのだ！」とひらめく。このひらめきこそ、犬にとって心地のいい体験でもある。楽しい頭の体操だ。

No.9

　というわけで今度は、アスランはちゃんと待つことができた。もっとも彼はこのオモチャと遊びたくてしょうがない。しかしこの「待つ」という行動で、私と協調をすることを学んでくれている。時に床に置くまで待てない場合は、いきなりオモチャに飛びついてしまったり、私の手を引っ掻いてしまうこともあり、どうにも収集がつかなくなる。私としては、彼にはもっと落ち着いてオモチャに取り組んでほしい。だからオモチャを置くまで座っていることを「お願い」しているのだ。つまりアスランの協調を、私は求めている。ギブ＆テイク。さらに、一度すわることで気持ちが落ち着けば、犬のストレス・レベルを上げないですむ。

　犬とのゲームは、犬の退屈な日常を紛らわすだけではなく、飼い主との関係を築く上でとても大事な役目を果たしてくれる。協調心と信頼！

Chapter 8 | 151

No.10

遊びのルールを決める

このオモチャはデンマークの隣国であるスウェーデンの玩具発明家であるニーナ・オットソンによる、ドッグターボというゲーム。北欧ではとても人気がある犬玩具シリーズだ。数あるゲームの中でもこのターボは少々むずかしい。円盤の上の小さな駒を押すことで、中にはいっているトリーツが円盤の周囲から出てくる。私は脚を使ってもらうよりも、鼻で押してこのゲームを遊んでほしいので、鼻を使うごとにアスランを励ました（脚を使うか、鼻だけを使うかについては、各飼い主のルールによる。ここに示しているのは私が決めたルール）。足を使われてしまうと、円盤が痛むし、玩具が転がってしまうこともあり、音がうるさい。床も傷ついてしまう。このようにレベルアップを図ることも、また犬の頭脳に対する大いなる挑戦となり、よい頭の体操となる。

No.11

脚を使ったら、「違う！」の合図

アスランはなかなか駒を動かせずに、ついには脚を使いはじめた。そこで私は「違う！」というシグナルを出した。これは、「その行動をやめて、何か別の行動をしてみてごらん」という意味である。

教え方は「違う！」という言葉を発して、別の行動をするように誘導する。別の行動を見せてくれたら、そのたびに褒める。すると犬は、「違う」の意味を覚えてくれる（カット・オフ・シグナルも、ほぼ同じメッセージが込められているのだが、「違う」に比べて「ストップ！」あるいは「禁止！」というニュアンスの方が強い）。「違う」というシグナルを出す代わりに、脚を使うたびにすぐにこの円盤を取り上げるという方法も有効だ。そしてしばらく落ち着いた後に、また床に置いてあげる。これを繰り返していると、犬は脚を使うことによってその結果どういうことになるのか、理解をしはじめる。正しく鼻を使ったら、すぐさま褒めることを忘れずに！

No.12

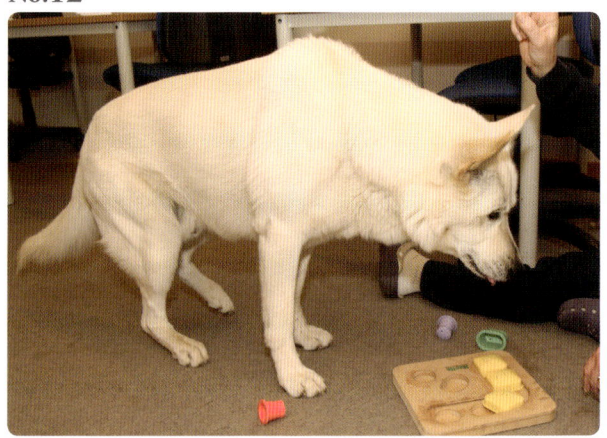

このアスランの行動に注目！

新しいオモチャを提供した。しばらく遊んだ後、フセをはじめようとしている。これは集中力が切れた証拠。うっかり私はこの後も遊びを続けてしまったのだ。本来、鼻で押し倒すべきところを、脚を使うなどエラーも多くなった。もっと前に遊びは中断するべきであった。

Chapter 8 　環境エンリッチメントと犬のメンタル・ワーク

手づくりオモチャで遊ぶ

No.13

アスランの見せる顔の表情に注目

　犬のオモチャをわざわざ買いに行かなくても、お手製のオモチャで十分犬を楽しませてあげることもできる。プラスチックのボトルにトリーツ（オヤツ）を入れる。そして真ん中に金属の棒を刺す。写真のように棒の両端を台や椅子などで支えて、ボトルを宙ぶらりんの状態にする。
　さて、アスランはまだこの遊びをやったことがない。なので、ここでの彼女の表情に躊躇した様子が見られる。

No.14

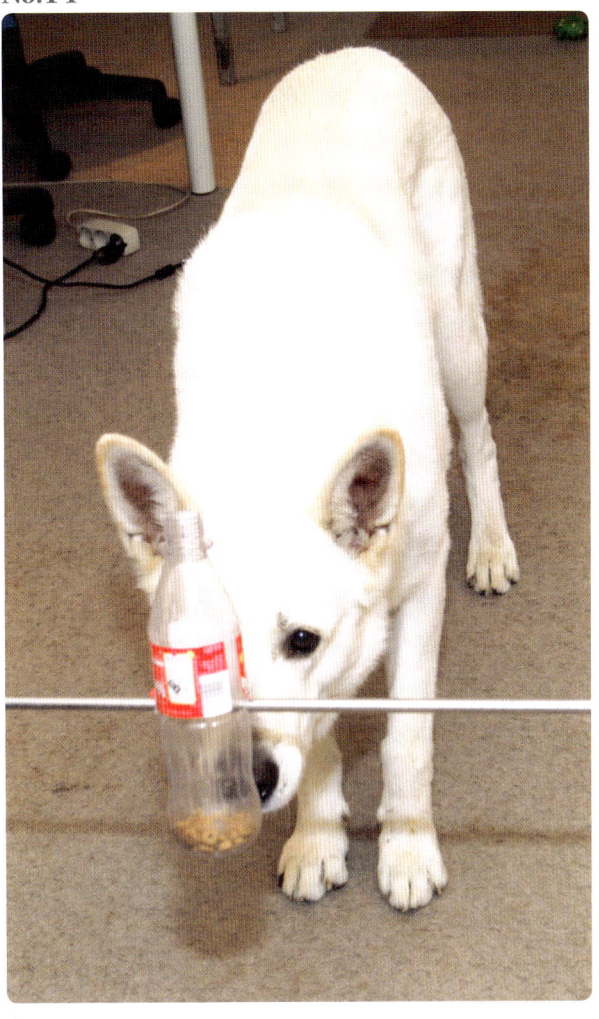

犬の重心がどこにあるかを見てみよう

　彼はしかし怖がっているわけではない。彼の体は、やや後ろに引かれている。不思議に思っている気持ちを表している。「これはなんだろう」と観察をしている状態だが、明らかに中にトリーツが入っているのを発見したようだ。なんとかトリーツまでたどりつくよう、彼は「問題解決」をしなければならない。頭の体操！

■犬の信頼を得るコツ

No.15

アスランが積極的にニオイを嗅ぎはじめたので、私は声で「よ～し、よ～し」と励ました。私の支えもあって、彼の表情はもっと明るくなり、この写真では、ついに前に出て来て嗅ぎはじめている。今や集中した自信のある表情が伺える。

ホワイト・スイス・シェパード（アスランの犬種）は、なかなか気質の強い犬だが、飼い主からの「支え」が必要だ。その点、ロットワイラーなどは、もっと大胆に新しいものに取り組む。

しかし、声という私の支えだけで、どれだけ彼の行動がポジティブなものになったか、ここで伺えるだろう。声を出すときは、急き立てるような高い声でキャァキャァ騒がないこと。静かで、深～く、やさしいトーンの声を使うこと。「よぉぉぉ～し、よぉぉぉ～し」という風に。

こんな練習を重ねているうちに、犬は「よ～し！」という言葉が、ママからの「支え」と「励まし」の意味であることを、次第に理解してゆく。「よ～し」という言葉が聞こえている限りは、たとえ不思議な物体や生き物が目前にいて不安な気持ちになっても、実はなんでもないのだということを学習するからだ。安全であるばかりか、実はオモチャでこんなに楽しい思いをできるとわかれば、犬はよりあなたに絶大な信頼を置いてくれるはずだ。

日常でも、たとえ愛犬が「不安」になる状況に境遇しても、飼い主からの「よ～し」という言葉が彼の気持ちの支えとなる。即ち、愛犬の頭の中で「よ～し」＝「安全」という方程式ができあがる。これぞ、犬から信用とコンタクトを得る「コツ」でもある。

No.16

想定外のハプニング

おや、鼻で触ったら、この不思議な物体はくるりと動きだしたではないか！

鼻で触ることがトレーナーのして欲しい動作である。このときに中からトリーツが出れば、それがご褒美となるはずだったのだが、残念なことに出なかった。

No.17

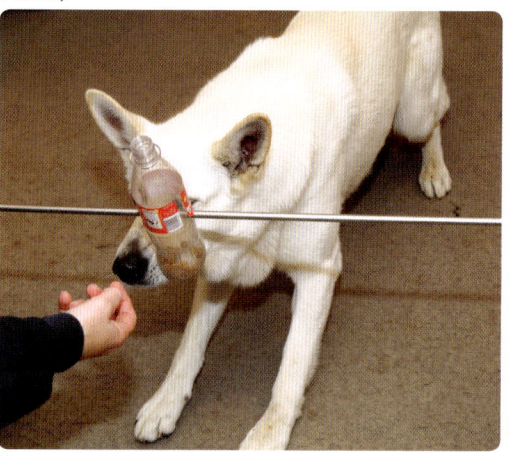

ここですかさず、ポケットからトリーツを！

それを見逃しては絶対にいけない。出なかったかわりに、すかさずアスランの努力を褒めるべく、トリーツを自分のポケットから与えること。こうしてある行動に対する学習は強化されてゆく。それだけでなく、得体の知れないクルクル回るボトルは別に怖いものではないということを、このトリーツのご褒美によって理解してくれる。

Chapter **8** 環境エンリッチメントと犬のメンタル・ワーク

No.18

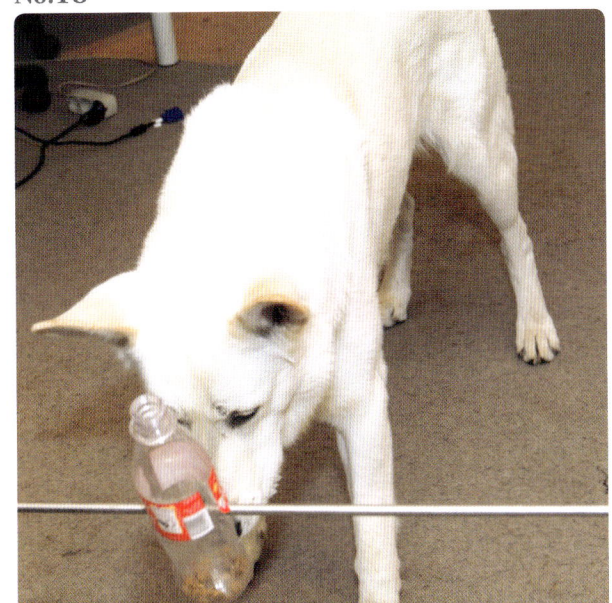

今や、集中しているアスランのこの表情。体がかなりリラックスしている様子が伺えるだろうか。

No.19

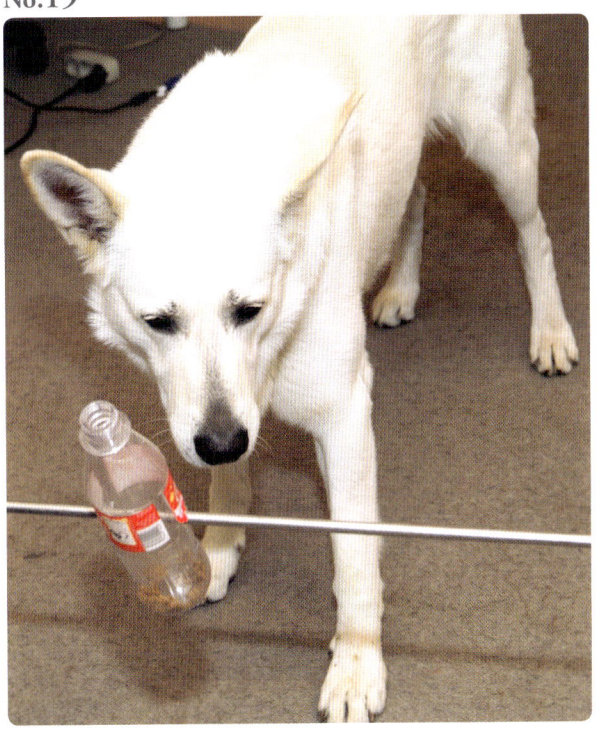

アスランの表情に注目!

　一回、自信がついたからって、それがそのまま続くとは限らない。ここが人間と違うところなのだ。だからこそ、数秒後にアスランが見せたこの困惑の表情(両耳が大きく広がり、視線をボトルから外し、躊躇を見せる)を、私たちは見逃しがちで、うっかり犬に「もっともっと!」と強いてしまう。もうできるのが当たり前だと思ってしまうのだ。このとまどいの表情をトレーナー(飼い主)は、ぜひともキャッチすること!
　一息つかせるなり、静かなトーンで犬を励ますなり、犬に時間を与えよう。

No.20

　私は、静かな声でアスランを励ました。すると彼はすっかりまた自信を取り直して、ボトルに近づき、どうやってトリーツを取るべきか、また考えはじめているのである。今回は、これでアスランのパフォーマンスは上々。すでに一度、躊躇を見せているので、長々と続けないことだ。ここで私はゲームを打ち切り、次の機会に試すことにした。

Essay 5　犬への励ましが、間違った方向にいってしまうとき

来客に向かって吠える癖は、こうして出来上がる

　犬が望ましい行動を見せてくれたときに、それを励ましてあげるのは、とても大事なことであるというのは前述しました。が、私たち人間は、うっかり励ましすぎて、逆に望まない悪い癖を助長してしまうこともある、ということを述べたいと思います。

　私はデンマークのとある田舎の村に住んでいます。交通量はほとんどなく、周りには監視の目というものがほとんどありません。したがって、この辺の田舎住居では結構泥棒に入られてしまうのです。ですので、私はアスランにはおおいに番犬の役目を買ってもらっています。そのお仕事を確実に遂行してもらうため、アスランが人の入ってくる気配に気づいたボディランゲージを見せるたびに、私は褒めています。

No.1

アスランの番犬癖は、私が人里離れた田舎に住んでいるという状況上、多いに奨励されている。しかし、番犬を望む場合でも、その番犬行動を発揮したときに、どこまでその行動を褒めて伸ばすべきか。それは、やはり現代社会に生きているという点を考慮しながら、けじめをつけなければならない。そのけじめづけのために、ボディランゲージを見て、彼の心の内を先読みする必要がある（逆に番犬を必要としない人は、この癖を奨励すべきではないのは言うまでもない）。

「警戒」の次にくるのは「防衛」（そして攻撃性）

　友人が来るとわかっていたある夜、寝ていたアスランの耳が動いた。友人の車が敷地に入ってきたのだ。耳が動いた時点では、アスランはまず警戒の気持ちを見せたという状態だ。私はそれが友人だと知っているので、大いにアスランの警戒行動を褒めた。ここまではよし。

　だが、多くの人は愛犬を褒めたいという情熱のあまり、うっかりこの行動の次にくるものまでをも長々と褒め、励ましすぎるのだ。すると、余計な癖を学習させてしまうことになる。

　つまり、警戒の行動に次に見せるのは、防衛をしようとする欲に基づく攻撃性に発展しうる行動である。侵入者に「あっちに行け！　ここに近づくな！」という行動だ。それは、まずは吠え声を使って行われる。防衛欲は自分を守ろうとする欲であり、だからこそ攻撃的な行動が伴わずにはいられない。この点、犬にはまだまだ「野生」が残っている。

　しかし、彼は文明に生きる犬だ。攻撃的な行動は、見せてほしくはない。私が欲しいのは、人の気配を私に知らせてくれるという行動のみであり、あとは私が対処する。アスランに防衛してもらいたくはない。警戒信号を出してくれるまで褒めて、それであとは打ちとめておく。

　もしそのまま褒め続けていたら、彼は来客のたびに、攻撃に備えるべきアドレナリンを体にめぐらせ、興奮のピークに登りつめてしまうだろう。たいしたことでもないのに、過剰に反応する犬の出来上がりというわけだ。

　私はアスランの吠え声が攻撃性のトーンに変わる前に「止め！」というシグナルを出しておく。だからアドレナリンの全開放出寸前で、興奮度を止めておくことができる。おかげで、彼はシェパードという犬種にもかかわらず、来客に対しては、リラックスした態度で振る舞い、あっという間に打ち解けてくれる。

　というわけで、飼い主には、どこまでが警戒のボディランゲージであり、どこから攻撃的な気持ちを見せるそれなのか、読める能力が必要となるのは言うまでもない。警戒態度から防衛に起因する攻撃の気持ちに至るまでの心情の変化とボディランゲージについては軍用犬の訓練を参照にしてほしい（P157の写真No.2-3を参照！）。

BODY LANGUAGE

Essay 5 犬への励ましが、間違った方向にいってしまうとき

防衛から攻撃に変わる瞬間に注目！

No.2

> あっちへ行けって言ってるだろう！

警戒&防衛行動

No.3

> とっちめてやる！

攻撃行動

　（写真No.2）デンマーク軍の軍用犬の訓練から。前方から脅威がやってくる。それに対して、防衛の行動を見せるマリノアという犬種のヴェラ。そして（写真No.3）は、防衛の行動から、相手を追いかけてでも攻撃して「とっちめてやる！」という攻撃行動に「変化した様子を見せている。写真No.2とNo.3のボディランゲージの違いを比較してほしい。（写真No.2）は、まだ「あっちへ行けって言ってるだろう！」と自分を守ろうとしているポーズ。目は相手を見ていない。耳は後ろに倒され、体の重心は後ろに。口角も後ろに引かれている。

　しかし（写真No.3）では、目の焦点はいよいよ相手に定まり、耳は前に向けられ、口角は断然短くなった。尾も上がって、体の重みは前方寄り。家庭犬になってほしい、あるいは社会に適応できる範囲で番犬になってもらいたい場合、（写真No.2）の時点では褒めるが、そこで止めておくべき。（写真No.3）のステップまで褒めないように！　相手に攻撃しようとするこの態度は、軍用犬には大事だが、家庭犬には必要なし！　社会の迷惑となる。

怖がりな犬の場合

なかには警戒の後に、攻撃性ではなく、怖がりの気持ちを見せる犬もいるかもしれない。この部分を褒め言葉で助長するのもあまりよろしくない。というのも、怖がって当然！という観念を犬に植え付けてしまう。誰も愛犬に「弱虫」な犬になってほしくはないはず。怖がりは、後に様々な問題行動に発展してしまう。

吠える犬を作ってしまう悪い例

犬と付き合うには、犬をじっくり観察できる眼がどれだけ必要であるか、理解ができると思う。ただのほほんと見ているだけでは決して犬の気持ちを読めないし、よって信頼される飼い主にはなれない。

たとえば、飼い主のうっかりミスによって攻撃性の行動まで褒め称えられ、後に吠えすぎをとがめられ、犬が怒られた、というシナリオを考えてみてほしい。犬としては、混乱するはずだ。「え、今まで褒めてくれたから吠えているのに、今度は吠えすぎだと叱られた！ 一体、ママは何が言いたいのだろう!?」。犬を読み、適切に反応するのが、信頼関係を得る第一歩というものだ。

No.22

呼び戻しだけを教えたいのに…

呼び戻しを訓練したものの、褒めすぎて、ついに犬はジャンプをしてきた。そして飼い主は、まだ声で犬を励ましている。これでは、人にジャンプしてしまう癖を、犬につけてしまう！

Essay 5　犬への励ましが、間違った方向にいってしまうとき

本当に犬は望んだ行動をしてくれているだろうか？

　もうひとつ。どうして人間は細かい犬のボディランゲージを見逃してしまうのか？　自分で頭に思い描く画像に執着してしまって、目の前の犬が見せている実際の行動に対して、フィルターをかけてしまっているからだ。

　たとえば、である。犬にフセを教えるとする。このとき既に人間の頭の中では「犬が伏せている」というイメージが出来あがっており、それを目標に犬を訓練する。だが、そのイメージを強く願望するあまりに、たとえ犬がフセをしながら吠えていても、自分が見たい、と思っている画像しか現実の犬のパフォーマンスに見出せないこともある。

　それで、吠えている犬をうっかり褒め、励ましてしまう。挙句の果てに、トレーナーにこう相談する。「うちの犬、フセをする度に、吠えるのですよ。どうしてでしょうか？」と。

　フセを行った犬を励ましたまでは良かった。しかしフセの状態にしておくのをあまりにも長い間要求しすぎ、ついに犬はフラストレーションを感じて吠えはじめた。しかし飼い主は、その部分を見ることができず、フセの状態にあるというだけで、犬をひたすら励まし続けていたというわけだ。

■ビデオカメラで撮影してみよう！

スウェーデンで開催されたボディランゲージ教室から。犬を理解するためには、犬のボディランゲージをぼんやり見るのではなく、カメラやビデオに撮って真剣に観察する必要がある。北欧ではこんな風に、ボディランゲージ観察会が開かれる。私のクリニックでも時々行っている人気のコースだ。

Essay 5　犬への励ましが、間違った方向にいってしまうとき

自分の観察眼を磨く

　トレーニングというのは、そもそも犬をトレーニングすることだけに限らない。飼い主の観察をする眼も必要だ。何が犬に実際起こっているのか、それを冷静に見る眼を養ってみよう。

　8章や9章で記述したような、ゲームを通して犬と付き合うことで、観察眼というのは多いに肥やすことができる。いろいろな遊びを犬にさせて、犬が実際に何を感じるのか、どう感情が動くのか、どのタイミングで褒めるのか、常に敏感であること！　そして彼らが示すボディランゲージに、適切に反応してあげること。何しろ彼らは、話し言葉で感情を表現しないのだから。我々には「目で見る」という手段以外ありえないのだ。

No.22

　犬のボディランゲージの微妙な意味合いを学ぶのに、何も毎回まじめに、ボディランゲージ勉強会を開く必要はない。こうして犬とゲームをしたり、遊びを通して、彼ら動作とその心情の微妙さを学ぶことができる！　そう、犬と「遊ぶ」というのは、犬にメンタル面での刺激を与えるだけではなく、飼い主に犬を「読む」訓練を与える機会でもある。というわけで、もっともっと犬とアクティブに接していただきたい。散歩だけでは、犬を理解するには不十分。

BODY LANGUAGE

Chapter 9 はじめての
クリッカー・トレーニングにて

- ヴィベケのクリニックで行っている、
  クリッカー・トレーニングの「はじめて体験コース」

- 簡単なファン・アクティビティを通して
  見える、飼い主との関係

9-1 ヴィベケのクリニックで行っている、クリッカー・トレーニングの「はじめて体験コース」

　私のクリニックでは時々、週末などに飼い主とその愛犬が一緒に楽しめるような、お楽しみデーを開催しています。

　これは単なる遊びではなく、もちろん教育を目的にしています。しかし遊びの要素をたくさん入れて、誰もが気軽に参加できるようにします。今回は、クリッカー・トレーニングに興味がある人を集めて、その「初めて体験コース」を開きました。

　犬と飼い主の関係をどのように判断すべきなのか、飼い主がおかしやすい間違いとは何なのか。飼い主のボディランゲージと犬の反応。そして、トレーナーとしてどんな風に指導すべきか。そんなことを、この章から学んでみてください。

　この本はボディランゲージの本であり、この章の意図は、クリッカー・トレーニングのハウツーを見せることではありません。皆さんに学んでほしいのは、実はこのような簡単な教室を通して、犬と飼い主の関係を読み取るスキル。それは、犬と人とのボディランゲージから推し計ってゆきます。たとえ垣間見ることしかできなくても、日常のしつけをどんな風に行っているかを探ることができるので、まさにトレーナーにとってのパラダイスでもあります。

　トレーニング・コースを開くと、様々な飼い主と犬の関係像を見ることができます。タイミングが悪い飼い主。協調関係が十分できあがっていて、新しい訓練にも簡単に反応してくれる犬、飼い主は一生懸命なのに、なぜか協調関係がうまくできあがっていないケース…等々。

　私はトレーナーの目で語っていますが、もちろん飼い主である皆さんも、ぜひ読み進めていってください。他人の過ちを見ることで、「自分ももしかして、あんなことやっているかもしれない！」とたくさん学べることがあります。

No.1

エクササイズの解説

　最初のエクササイズは、口にトリーツを咥えて、それを犬に取ってもらうという遊び。

　口からトリーツを直接取ることに慣れていない犬であれば、ハンドラーはまず立ったまま練習を。そして口からトリーツが出てくることを覚えさせる。犬が口を見るたびに、クリック（クリッカーを鳴らす）。そしてペッとトリーツを床に吐き出す。

　それができるようになったら、徐々にかがんで、目をつぶりながら、トリーツを口から取らせる（ここで目をつぶるのは、最初のうちだけ。犬に脅威感を与えないためだ）。

　たとえトリーツがあっても、犬というのは顔同士がクローズアップするのを非常に怖がる（たとえば、犬が突然子どもを攻撃し、顔に咬傷を負わせてしまうというのは、犬が子どもの接近した顔に恐怖感を覚えるからだ）。なので、まずその顔に対する恐怖心を犬に克服させる。口にトリーツを咥え、犬の隣に座る。犬が口に近づくたびにクリッカーを鳴らす。そしてトリーツ。最終的には、直接口から犬の口へトリーツを。

Chapter 9 はじめてのクリッカー・トレーニングにて

手を使わずに犬を誘導することを学ぶ

この動作に慣れたら、口にトリーツを咥えて、それに犬がついてくるようにトレーニング。犬を「スワレ」のポジションから、フセ、あるいは、立て、の動作を行えるよう、口のトリーツで導いてあげる。口に、トリーツを咥えて犬を座らせたり、立たせたりすることによって、手を使わずにいかに自分のボディランゲージだけで、犬を様々な行動に誘導するか、を学ぶことができる。また、犬に口からトリーツを取らせることによって、飼い主を信頼していいんだよという概念を、より植え付けることができる。

トレーニングを通して、飼い主と犬の協調性を観察

このエクササイズが最初からできるかどうかで、私は飼い主と犬との関係をほぼ判断することもできる。つまり、飼い主と犬がとてもよい協調関係にあれば、たとえはじめてでも、犬はそれほど躊躇せずに、口から直接食べ物を取れる。飼い主のことを信頼しているからだ。

しかし、犬に対して、普段大げさなジェスチャーで罰したり、声を張り上げて怒りながら矯正をする飼い主に対しては、犬は絶対に口を近づけない。「あなたと、愛犬の間にはコンタクトがありませんよ。もっとコンタクト訓練をがんばってください」と 飼い主に直接告げるよりも、このエクササイズを通して、本人自身に「思ったほど、実は協調関係ができていなかったのだ」と気がつかせることができるという点でも、いい遊びの機会である。

■手を使わずにフセの練習

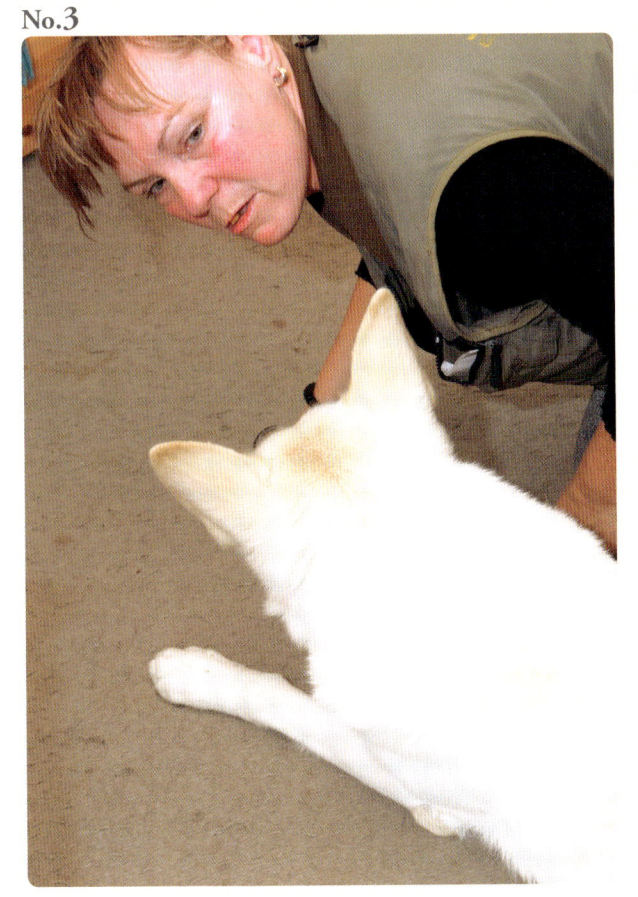

No.3

トリーツを持つ飼い主の手に夢中な犬に有効なトレーニング

口に咥えたトリーツでフセの姿勢に誘導できたら、前脚の間にトリーツを落とす。このように手を使わないことで、犬が人の手の動きだけを見る癖を防ぐことができる。また、前脚の間に落とすことで、犬がうっかり立ってしまうこともない。

犬は、トリーツをもらえる手に慣れているので、場合によってはコンタクトそっちのけで、ただ手だけを見ている場合がある。これではアイコンタクトがとれずに、コミュニケーションがはかれない。よく飼い主が、「手にトリーツを持っているときは、いろいろな技をやってくれるけれど、手にないとやってくれない」というのを聞く。そして「でもこの犬、子犬の頃からやっているから、コマンドの意味を知っているはずなのだけど！」。

犬はイメージで学習している。すなわち、飼い主が手にトリーツを持っている、そこに命令が来て、すわる、というイメージだ。そのイメージから外れると、命令が来ても、すわる、という連想に至らないのだ。だから、この画像を一度壊して、新たに学習をさせなければならない。

9-2 簡単なファン・アクティビティを通して見える、飼い主との関係

▍Aさんとイングリッシュ・スプリンガー・スパニエルのロニアの場合

ロニア

No.1

Aさん
だめだよ！
ロニア

No.3

勝手にあいさつに行ってしまう犬への対応

早速、みんなでフィールドに繰り出した。クリッカー・トレーニングの練習。私が、Aさんのところにやってくると、イングリッシュ・スプリンガー・スパニエルのロニアはAさんを無視して、リードを引っぱり、私にあいさつをしようとする。このとき飼い主は「だめだよ！」とリードを引っぱり、自分のところに寄せようとする。しかし皆さんご存知にように、飼い主はその方法を繰り返して使い、犬は相変わらず勝手にあいさつに行ってしまうのだ。つまり何も学習ができていない。

私が提案する対処法は、リードを低く持ち、片方の手で持ち替えて、犬の前に立ちはだかる。すると犬は、はっとして驚き、アイコンタクトを取る。そこでご褒美。その後、自分が「よし」というコマンドを出すまで、人にあいさつに行ってはいけないことを教える。

No.2

ここで彼はリードを持ち替えて、前に出ようとしている。

コンタクトが取れていないことに注目!

前に立ちはだかり、ボディランゲージで威圧をかける。ロニアはAさんのボディランゲージに反応して、後退をし、体全体を低めている。

ただし、相変わらず犬からのコンタクトはなし。それに、ロニアにはなんといっても活気がなさすぎる。Aさんは、もともと古い方法で犬を訓練する人であった。リードを引っ張ることに頼って、犬を矯正していた。だから、声をつかって犬とコミュニケーションを取るのが、今ひとつ上手ではない。この場合も、ボディランゲージで犬に威圧をかけながら、もっと声を出す。そして犬が正しい行為をしたらすかさず褒める、という風に元気に訓練を行うべきだ。前に立ちはだかる前に、「ほら、こっち見てご覧！」と声をかけてもOKだ。そして犬の意識をこちらに向けるのが大事だ。一旦、犬がこちらを見たら、「おいで、おいで！」と元気よく声をかけて、ハンドラーについて来させようとする。こうして、コンタクトを築いていく。

このようなトレーニングは、何も対人のみならず、たとえば散歩の途中で犬が何かのニオイを嗅いで、まったく前に進まなくなったときにも行うことができる。日頃から、小さな訓練を重ねること。訓練をする、ということは、犬とやり取りをするということでもある。やり取りを通して、犬は飼い主の存在を意識するようになる。だから犬の訓練とは単なる、「スワレ」「フセ」「マテ」だけに限らない。訓練とは、毎日いろんな状況で行うべし！

Chapter 9 はじめてのクリッカー・トレーニングにて

No.4

犬が振り向いてくれるのを、ぼんやり待ってはいけない

　相変わらず、コンタクトなし！　ロニアはただ地面を嗅ぎ続ける。Aさんはもっと声を使って、犬の気持ちをこちらに向けるべき。彼は、手にトリーツを握り、犬がこちらを向いてくれるのをただぼんやりと待っているだけなのだ。彼はかつてのリードとチョークを使って訓練をする方法を今や止めようとしているのだが、しかしただ引っ張らずにぼんやりとトリーツを握っているだけではだめ！　すかさず、犬とコンタクトをとれるよう、もっと声とボディランゲージを使うべきだ。あるいは、犬のお尻をチョンチョンとつっついて、こちらに意識を向かせる。いったん犬がアイコンタクトを取ったら「よ〜しっ！　いい子だね！」と元気よく話しかけ、ご褒美。

犬が地面を嗅ぐことに夢中で、飼い主とコンタクトをとらないことは正すべきか、そのままにするべきか？

　誤解を避けるためにここで一言付け足したい。普段の訓練において、私は、犬は地面を嗅いではいけないとは、決して飼い主にアドバイスしない。私の職業の信念として、飼い主が望んでいる行動を犬が出せるようにアドバイスするのであって、尋ねてもいない行動に対して、ああしろ、こうしろ、とは言わない。だから、もし飼い主が、犬がいつも地面ばかり嗅いでいることに不満を抱かない、あるいはむしろそれを望んでいるのなら、それはそれでいいと思う。

　しかし、飼い主が、「いつも地面ばかり嗅いで、コンタクトを取ってくれない」と厄介な行動として見なすのなら、先ほどのようなトレーニングが有効だろう。

　私自身であるが、私のモットーは、犬が地面を嗅ぎたいときに嗅がせている。犬らしく生きてもらいたいからだ。というのも嗅ぐというのは、犬にとってとても大事な行動。彼らは何しろ、視覚よりもニオイの世界に生きている動物なのだ。

　しかし、たとえば時間に追われているときなど。バス停にあと1分で行かなければならないのに、犬が地面を嗅いでいたりすると、そこでカット・オフ・シグナル（P11参照）を出して行動を中断させることはある。大事なのは、犬と飼い主との間でちゃんとコミュニケーションができているかどうか。止めてほしいときには、止めてくれる（そのかわり私も彼がほしいというものを与える）。そんな協調関係ができていたら、別にとやかく言うべき問題ではないと思う。

真のコンタクトとは

　ある人は、犬に地面のニオイを嗅がせていたら、コンタクトが失われる、と飼い主にアドバイスするが、私はその意見に同意しない。彼らは、たとえばオビディエンスで犬が飼い主の方向を見ながら脚側行進（ぴたりと犬が横に付いて歩くこと）をする様子を見て、コンタクトという。しかし犬は必ずしもアイコンタクトを行っているわけではなく、単に、人間の顔のある方向を見る、という「技」を習っているのにすぎないことがある。つまり、本当の意味での心と心の連絡にはなっていない。真のコンタクトとは、たとえ犬が地面を嗅いでいても、耳が私の方向に絶えず向かっていて、何か言われれば、すぐにでも反応をしようとする犬の態度のことである。

　デンマークの軍用犬を訓練しているハンドラーが、隣国のスウェーデンの軍用犬はまったく吠えもせず、完全にハンドラーに従っていることについて、少し批判したことがあった。つまり、あまりにも犬であることについて、抑制しすぎているのと言うのである。しかし、もしハンドラーと犬との本当のコンタクトが存在していれば、普段少々犬らしく振る舞わせても、いざというときに一緒に協調して働くことができるはずだ。私もそんな風に、犬と接したいといつも思っている。

■Bさんとロットワイラーのタイソンの場合

タイソン

No.5

Bさん
あれ、ママ、何をやっているの？
タイソン

No.6

AさんとロニアとのBさんの状況とは打って変わって、Bさんとこのロットワイラーのタイソンとの間には、明らかにコンタクトが見られる。タイソンは、Bさんの不思議な手の動きを見ながら「あれ、ママ、何をやっているの？」と好奇心を見せる（写真No.5）。飼い主のやっていることに対して好奇心を見せている、ということはコンタクトがある証拠だ。ここでBさんはなんとか口にトリーツを咥えて誘導しながら、タイソンをお座りのポジションに動かそうとしている（写真No.5）。

No.7

やや、とてもおいしかったよ！

「やや、とてもおいしかったよ！」と口からトリーツをもらった後も、Bさんにコンタクトを取り続けていることに注目！　Bさんは、タイソンがなんとか起き上がってくれるのを待っている。

No.8

タイソンの気持ちに注目！

もう一度口をつけて、タイソンが起き上がるように誘導するが、ここでタイソンは少し、ストレスを感じはじめた。その証拠に…

Chapter 9 はじめてのクリッカー・トレーニングにて

No.9

舌をぺろり。「ちょっとしんどいなぁ」という感情。（写真No.7でも舌を出しているが、頭部のボディランゲージの差に注目。写真No.7ではタイソンはもっと積極的であった）。

No.10

もう勘弁してほしい

キャパシティ・オーバー

タイソンは、もうこれで勘弁してほしい、というシグナルを出した。にも関わらず、Bさんが相変わらず顔をくっつけてくるので、今度は顔を背けた。確かに、写真No.5から写真No.7までは、タイソンはゲームを楽しんでいたのだ。だが、その後Bさんが押しつけすぎて、あまり居心地よく感じられなくなった。タイソンの精神的な許容範囲を超してしまったのだ。

No.11

Bさんはさらに近づくが、顔を背けて、目を見ないようにしている。

一気に進めず、休憩をはさみながら徐々にステップアップすること

このようなレッスンでありがちなのだが、飼い主は先生がこうしろ、と言ったことをかたくなに守ろうとしすぎて、そのために犬のボディランゲージをまったく無視して、練習を続けてしまうことがある。この場合、Bさんはなんとしてでも、タイソンを立たせたかった。

Bさんは遅くとも、写真No.9の時点で、タイソンのボディランゲージを読んで、中断するべきだった。何も、はじめから犬を立たせる技を完成させる必要はない。口にあるトリーツを、犬が追ってくれるだけで十分。そしてしばらく間を置く。例えば犬と少し周りをうろうろ歩いて、また元の場所に戻りトレーニングを再開する。再開しても、一気に立たせるというパフォーマンスを遂行しないで、ステップ3まで来ていたのなら、今回は、ステップ3.5、次回は、ステップ5まで、と徐々に築き上げていくこと。

熱心になる我々飼い主の気持ちはわかるが、少しずつ休憩を設けながら教えていく方が、学習が入りやすい。あるレベルまでいくと、時に滞ってしまうこともあるが、その場合は少し後戻りをして、また続ける。すると、あるとき突然、犬は要を得たとばかり、一気に技を習得してくれるものだ。

これは飼い主だけではなく、トレーナーにとっても大事なレッスンだ。どの時点で、飼い主に練習のストップをかけるようアドバイスするか。私のレッスンのモットーは、飼い主も犬も楽しくトレーニングをして、楽しいひとときを過ごすということ。飼い主ばかり楽しがって、犬の許容範囲を超えることがないように！

Cさんとロットワイラーのバローの場合

バロー

No.12

No.13

コンタクトが足りていない

Cさんもあまり犬とコンタクトがない。というか、彼自身、犬が何をしているのか、どんな状態なのか、あまり観察していないように思える。ハーネスをつけているのはいいが、今やリードが犬の首に巻かれており、引っ張られている状態だ。飼い主は、犬とよいコンタクトを築きたければ、犬だけではなく、本人ももう少し犬の行動やボディランゲージにたえず注意を向けていること。さもないと、褒めるタイミングやストップさせるタイミングを逃してしまう。

犬の緊張感に気づくだろうか

さてCさんとロットワイラーのバロー。Cさんはこの通り、体が大きく、なかなか体をスムーズに動かせない。だから、バローに適切なボディランゲージで指示するのが、普段からうまくいっていない。よって、バローは「飼い主はだいたいこんなことを欲しているのかな？」と自分で予想する癖がついてしまっている。

この写真では、Cさんは口にトリーツを咥えて、バローが口元に来るまで待っているのだが、バローは彼が何を欲しているのか、しばらく考えている。

ただしCさんは、犬の目の前に立ちはだかりすぎ。圧迫感を与えている。だから余計に口に近づきにくくしている。普段は、飼い主が前に来ても、犬は慣れでそれほど気にしないものだが、このように新しい環境で新しい訓練をする場合、犬はいつもより異なって物事に反応するものだ。だから犬をリラックスさせてあげるよう、飼い主は自分のボディランゲージにより気をつけなければならない。

Cさんは、少し斜め横から犬にアプローチすべき。私が見本を見せた写真（P162の写真No.1）を参考にしてほしい。

No.14

Cさんは横にずれた。すると、ご覧の通り。圧迫感が失せたのでバローは口をつけてきた。

Chapter **9** はじめての**クリッカー・トレーニング**にて

No.15

この瞬間、褒めるべきかどうか？

バローは常日頃「こうして欲しいのだろう」とCさんのコマンドを予想する癖があると述べたが、これがその証拠だ。おそらく「フセかな？」とCさんが頭を下げる暇もなく、勝手に伏せてしまった！

そこでCさんは私に「バローは伏せたから、ここでご褒美を与えるべき？」と聞いた。私は「だめだめ、これは単なるフセという行動をするための訓練じゃないの」。

エクササイズの目的

このエクササイズを行っているのは、一緒に何かをして、犬と人間が協調するということを学んでもらうためなのだ。トリーツを口に咥えているから、当然犬は飼い主に対して注意を向ける。人間はいろいろなポジション（立っていたり、座っていたり、体を低くしたり）でトリーツを見せる。それに犬がついて行こうとする。人間が犬をガイドしてあげようとしている。

だから飼い主もより犬に注意を向ける。コマンド（号令）も使わずにして、「この口のトリーツについてきてごらん」というゲームが、犬の人間に対する意識を高めてくれる。すなわちこれがコンタクトである。

これと似たようなエクササイズがある。人間はまず四つん這いになったその下に、犬を入れて（大きな犬であればフセの状態で）一緒に歩く。犬は、人間に覆いかぶされると脅威感を感じるので、これは決してやさしいエクササイズではない。そもそも犬が寝ているところに、またいでそのまま立ってみるといい。たいていの犬は、その場から離れようとする。このエクササイズは、軍用犬の訓練でも使われている。こうして、犬は恐怖感を克服して、ハンドラーがやってくれる限りは怖がる必要はないのだと、より信頼を高めてくれるし、人と協調するとこんなへんてこな行動がとても楽しい遊びになるということも学んでくれる。軍用犬とハンドラーとの信頼関係については5章を参考に。

No.16

Cさんは、なんとかバローを導いてあげるのに成功した。Cさんが頭を下げると、バローは口にあるトリーツに従って、体を低くしている。Cさん、よくがんばりました！

Dさんとゴールデン・レトリーバーのキャシーの場合

キャシー

No.17

キャシーの行動から気づくべきこと

　レッスンを開催していると、こんなペアもたまに見かけるものだ。Dさんとゴールデン・レトリーバーのキャシー。何か気がつかれただろうか。キャシーには、なんとも生気がない。私は、フィールドに入って来るなり、すぐに気がついた。私がDさんの横にやってきて、しゃがんで話しかけても表情を変えることなく、なんとも悲しそうなのだ。ゴールデンであれば、もっと楽しそうに、そしてハッピーに振る舞っているはずだ。それがまったく欠けているキャシーに、何か異常があると感じた。

No.18

　尾を少し上げたけれど、普通の状態で、こんな情けない尾の言葉を発するとは、まったくゴールデンらしくない。本当だったら、もっと元気よく振っているはずだ。いったいどうしてこの子はこんなに寂しい表情をしているのだろうか。犬生が悲しみに満ちているようなのだ。私は心配になった。

Chapter 9 はじめてのクリッカー・トレーニングにて

No.19

クリッカーを握った瞬間のキャシーの重心に注目！

なかなか、キャシーがDさんの顔を見ようとしないので、「こうしたら？」とアドバイスをした。Dさんはわかったとばかりクリッカーを握って、キャシーの動きを観察しようとした。そのとき、キャシーは後ろに重心をおいて、背中を丸くした。Dさんと関わりを持つのが嫌だと言わんばかりなのだ。

■ここで、トレーナーのすべき判断と行動は？

　Dさんとキャシーにこのままエクササイズを続けさせても、意味がない。トレーナーとして、今や中断させるべき。なにしろ、キャシーがまったくコンタクトを持とうとしないし、この遊びすらやりたくないといった風だからだ。

　ただし、飼い主には「止めなさい」とおもむろに告げるのではなく、別のアクティビティを提案してあげるとか、あるいは「ちょっと向こうで話してみましょうか」などと、相談にのるようにする。普段どんな風に犬と暮らしているのか。たとえば何時に起きるのか、など一日の流れ。どれほど散歩をしているのか、どんな訓練をしているのか。メンタル面で刺激はちゃんと与えられているか。特に何かを見たり聞いたりして、犬が大げさに反応するのを見たことがあるか。あるいは動作についても質問してもいいだろう。座ったり、どこかに飛び乗るときに、体をかばうような行動を見せるか。

　トレーナーの視点からすれば、こんな犬に出会ったら、まず犬と飼い主がどんな関係にあるかを探ってみたくなる。キャシーに関して言えば、彼女は飼い主を避けようとするボディランゲージをいつも見せているのだ。飼い主を避ける犬とは、いったいどんな扱いを家で受けているのだろうか（トレーニング場では見せないにしても！）。あるいは、トレーニング場で犬の動きもよく観察してみる。もしかして、どこか病んでいて、痛みを伴っている可能性がある。

　それを私は、ムーブメント（動き）でよく判断する。自慢するわけではないが、私はわずかな異常を動作に探知するのが、かなり上手い方だと思う。今までに、"関節炎を患っている"と動きだけで診断した犬のうち、1回しかハズレがなかった。

　まずはいろんなペースで歩いてもらう。次に、走らせる。そして、くるっとターンをしてもらう。このときに、何か異常な動きがあらわになるかもしれない。少し遊んでみて、その動きを見てみるのもよし。今までに獣医にかかった経歴なども聞いてみて、そして実際に体をさわってみる。もしかして背骨や腰に異常などを発見できるかもしれない。飼い主に、獣医に行ってレントゲンを取って検査することも勧める（特にレトリーバー種は、股関節形成異常を患う個体が多い）。

　しかしくれぐれも、飼い主の気持ちを踏みにじるようなアプローチの仕方はしないこと。あるいは、飼い主の周りの犬仲間などにも、何気なく聞いてみるのもいいだろう。

　さて一方で、飼い主としてはトレーナーのアドバイスに対してどう振る舞うべきか。私たちは決して、無理矢理に飼い主のプライベート・ライフに立ち入る意図はないし、それについて根掘り葉掘り聞く権利はない。しかし、もし自分の問題犬を、本当に心から治してもらいたいと思うのなら、正直にすべて話すべきだろう。もし、つくろって体裁よく話してくれたとしても、私たちは犬の見せる反応やそのときのボディランゲージを見て、「いや、彼はすべてを正直にしゃべっていない」と見破るものだ。正直に話してくれたら、原因が解明するし、どんなトレーニング・メニューを組み立てたらいいか、より確実な行動治療を施すことができる。

No.20

No.21

私が、キャシーと接触を試みようとした。そのとたん、彼女に、外界とコンタクトを取ろうとするボディランゲージが見えてきた。（写真No.20）から（写真No.21）にかけて、彼女の尾が上がってきているのが観察できる。

キャシーの感情の変化を掘り下げて見てみよう

No.22

No.23

Chapter 9 はじめてのクリッカー・トレーニングにて

No.24

No.25

通しで、(写真No.22)から(写真No.25)に見る、キャシーの頭部の動きをご覧いただきたい。つかの間のコンタクトを取ってくれたけれども(写真No.22)、鼻をはずす(写真No.23)。さらに、顔をDさんに向ける(写真No.24)。そして最後は、さらに私の手からの距離を開けようとする(写真No.25)。

実際に体験すると、ほんの一瞬の間に見せるわずかなシグナルだが(写真の記録を見ると、一秒半のできごとだった)、これはキャシーが完全に私との関わりをも拒絶しているボディランゲージだ。

ここで、「キャシー、聞こえないの？」とばかり、これでもだめかと何度も試さないこと！ このシグナルを無視してはいけない。私はすぐに彼女とコンタクトを取るのを止めた。そしてこれ以上、キャシーの負担にならないよう、その場を去った。

ひとつ気づいたのは、どんなに心地の悪い状況にあっても、キャシーは決して助けを求めて飼い主の顔を見ようとはしないことだ。私の疑惑はさらに募った。

(写真No.22)では一瞬、キャシーは鼻先を上げる。トリーツで誘う私と関わりを持ってもいいという態度を見せるのだが、(写真No.23)では、また元の彼女に戻ってしまう。外界からの関わりをシャットダウンさせて、また空っぽの目を呈する。

こうして外界から断ち切るのは、キャシーが自分を守るためにいつも行っていることに違いない。まるで諦めたように、受け身にしか振る舞わない。強盗に襲われ、恐怖とショックのあまりに、抵抗もせずに無力感でされるがままという被害者の行動によく似ている。

この犬への対処法は？

コンタクトを取らない犬だからといって、単にコンタクト訓練だけで、この犬の問題を解決することができないというのは、これでおわかりだろう。症状だけをつっついてもだめなのである。いったい、キャシーの見せるあの世を捨てたような態度はどこから来るのか。いつはじまったのか。そんなことを解明しながら行動治療を行わなければだめだ。残念なことに、時には飼い主から「あなた、うちの犬は全然、悲しがってなんかいませんよ！」というコメントをもらうこともある。でも私には、犬がひどく辛がっているのが見える。このようなときは、もちろんフラストレーション(欲求不満)を感じるのは言うまでもない。しかし私は決して飼い主を強要しない。

Eさんとミニチュア・ピンシャーのフィエの場合

フィエ

No.26

よ〜し！
Eさん
フィエ

犬の視線の先は…

　Eさんとミニチュア・ピンシャーのフィエ。Eさんは、フィエが口元を見てくれるまで待っているのだが、フィエは完全に彼の手の方に、視線が定まってしまっている。これは、訓練のときに、手に握られたトリーツだけを追ってしまうよう学習してしまった犬の典型！

　おそらく飼い主は犬が望む行動を見せるたびに「よ〜し！」と言いながら同時に、ポケットからトリーツを探って、犬に与えていたのだろう（つまり「よ〜し！」＝手からのトリーツが同時に来ると、学習してしまっている）。だから「よ〜し」をよい行動のマーカー（印付け）として学習していない。ただ単に、手から食べ物が来るシグナルとして学んでいる。よってどうしても、気持ちが手に集中してしまう。これではアイコンタクトを取ることができない。

No.27

フィエの脚の角度と重心から見える気持ちは？

　フィエはとても前向きな犬だ。私が近づいても、尾が上がって、好奇心一杯。後ろに重心がかかっており、後ろ脚を曲げているのは、敵対心などありませんよ！と一生懸命私にアピールしているから。

Chapter 9 はじめてのクリッカー・トレーニングにて

フィエの犬として礼儀正しい謙虚な態度を見てほしい

No.28

　フィエは、私というまるではじめての他人に対して、口移しでトリーツをもらうことができるのである。彼女は精神的にとてもバランスがとれた犬だ。メンタル・キャパシティも高い。心の余裕があるという犬は彼女のことである。

　それから、飼い主のEさんに対しても、絶大な信頼を寄せていることの証でもある。彼が側にいる限り、私という他人から口から直接食べ物をもらっても大丈夫という安心感があるのだ。

　そうは言っても、フィエは決して犬としての礼儀を忘れてはいない。どんなに友好的に接しても、体を低くして、マズルだけを上げている。この慎ましやかな行動に注目すべきだ。

　それから、これほど小さな犬にトリーツを口から取らせる場合は、ハンドラーは犬の横に座って（前ではなく）、体をかがめて、口に届きやすくしてあげると、ことがよりスムーズに運ぶ。

　ちなみにEさんは、まだ言われた通りに手を後ろに組んでいる。私が、エクササイズをやっているのにも関わらず！　この写真を見て、私はうっかり笑ってしまったものだ。しかし、Eさんのリラックスした態度に注目。そして、こんな楽しいムードを持つことは、実は犬のトレーニングにとって、とても重要なのだ。飼い主たちは時に失敗して、時に成功して、みんなケラケラと笑っている。私自身も、一緒にケラケラしたい。そう、訓練は楽しくなければ！　あまりにもシリアスになりすぎて、内にこもっていれば、犬は必ずその暗〜いエネルギーを察知して、それなりに反応をしてしまう。

No.29

Eさんは、なかなかカンがいい。フィエは小さいので、その分、人間が体を倒して口元に近づく必要があるが、倒した体で犬を怖がらせないよう、それを補うがごとく、彼は横から犬に近づいている。

Chapter **9** はじめてのクリッカー・トレーニング

Fさんとカレリアン・ベアドッグのベアの場合

ベア

No.30

No.31

No.32

この3枚の写真から、犬と飼い主の関係を見てみよう

　いろんな犬がいるけれど、いろんな飼い主もいる。この連続写真でこのすてきなカレリアン・ベアドッグ、ベアの飼い主Fさんについて、何か気がつくことは？

　いやはや、Fさんほど、顔の表情をまったく変えない人もいないだろう！　どの写真を見ても、彼は顔にまるで反応を見せない。犬の方がどうしたらいいものかと、考えたあげくに行動を提示している。(写真No.31)の時点で「おすわり」をしてみた。

　むしろ、犬の方がいろいろな行動を見せることで、褒める言葉を出せるように飼い主を学習させている、という風だ。

　おすわりをしたところで、Fさんの表情は相変わらず同じだ。これは、彼の性格と言ってしまえばそれまでだが。カレリアン・ベアドッグという性格の持ち主でなければ、やはり犬を不安定にしてしまう。カレリアン・ベアドッグは、精神の許容量が大きい、心のしっかりとした犬だ(気持ちが強い分、人に頼らずとも、幸せに生きていけるので、飼うのは決して簡単ではない)。だからこのFさんの、「いつも同じ表情」生活をしのぐことができる。もし、別の犬種を彼が飼っていたら、私はもっと彼は言葉を使うなり、感情を犬に見せるべき、とアドバイスしただろう。しかし、決してベアは問題犬にはなっていない。それはベアの心理的強さのおかげとともに、Fさんの本当の性格にもよる。彼は確かに何も顔に表情を見せないが、彼にはよきユーモアがあり、どこか肩の力を抜いた人生観を持ち、とても愛すべき性格の持ち主だからだろう。犬はそんなことも感ずることができる。

Essay 6　番外編　ギルバートのその後

Essay 6 番外編 ギルバートのその後

ギルバート

No.1

リーネ

ギルバート

　この本のシリーズ1『ドッグ・トレーナーに必要な「深読み・先読み」テクニック』の第3章（P103）で紹介した問題犬、ボルドー・マスティフのギルバートを覚えているでしょうか？　防衛心が強すぎて、出会う犬に攻撃的に吠える、他人に対してもなかなか心を許さない怖がり行動を見せていた彼。飼い主であるリーネさんが、ほとほと彼に手こずって、私のところにやって来たのは一年前のこと。前回の本で紹介したのは、リーネさんがまさにギルバートの問題行動を抱えていたころで、写真では彼の多くの防衛心に満ちたボディシグナルを紹介しました。

　その後、リーネさんは何回か私のところに通い、問題行動のカウンセリングを受けました。そこで日常どんなことをすべきか、指導しました。その後の経過が以下に示す、驚くべきギルバートの進歩です。

　どんな風に改善していったのか、リーネさんからそれを直々に紹介してもらいましょう。

ギルバートの改善トレーニングとは？

リーネ：まず、私がヴィベケ先生から受けたトレーニング・アドバイスのひとつは、とにかくギルバートとコンタクトを築く、ということでした。コンタクトを築くために、まずは彼と室内でできるゲームをたくさん行いました。特にターゲット・スティックは楽しいゲームとなりました。これは、長いスティックをかかげ、犬がその先に鼻をつけたら、クリッカーを鳴らし、トリーツを与えるというもの。スティックの先を、鼻をつけるターゲットにするという意味で、ターゲット・トレーニングと呼ばれています（P188の写真No.2-4参照）。本来は犬を様々な方向に導くためにある、基礎トレーニングとして存在しているものですが、私はこれを遊びとして応用しました。訓練はやっていて、共に楽しいものでなければね。

　アイコンタクト・トレーニングも、いわばターゲット・スティック・トレーニングと同じように、遊びの中でたくさん行いました。目をみてくれたらクリック、そしてトリーツ。

　こんなやり取りを通すことで、徐々にギルバートの気持ちの中に、私という存在が意識されるようになったのだと思います。それ故に、私が側にいる、ということで、気持ちをリラックスさせるようになりました。リラックスできる気持ちはさらに 私への信頼にもつながりました。外で他の犬に出会っても、以前のようにまるで「相手を食べてやる！」とでも言わんばかりのあの怒りの行動が、減ってゆきました。

　彼は血気盛んな若犬でした。だから、私とのコンタクト作りの意味でのゲームは、また彼のメンタル面でのいい刺激と頭脳運動になりました。それまでは、小型で動きがちょこちょこしている犬を見ると、獲物の動きを彷彿とさせるのでしょう、それを追いかけて狩猟をする、という行動まで見せていたのですが、それも徐々になくなっていったのですね。もっとも、今では少し"成熟"し、落ち着きはじめたというせいもあるでしょう。とにかく私とギルバートの関係はどんどん改善されているのが、今でも手に取るように分かります。他人と対面しても、以前のように疑わしそうに相手に近づくことも、減っていきました。それどころか、とても優しそうな表情すら見せるようになりました。

　そしてリーネさんは最後に、こう締めくくります。とてもいい言葉です。

リーネ：問題行動の解決をしようとするときに、私たちの努力の中で一番大事だなと思ったのは、とにかく彼にプレッシャー（ストレス）をかけるような状況を作らないということですね。他の犬に出会ったからといって、リードを引っ張れば、これは犬にストレスをかけることになります。ギルバートにプレッシャーをかけるよりも、むしろ他の犬がやって来たら、できるだけ無視するようにしむけてゆきました。長い道のりであり、決して一昼夜にして解決できるものではありません。でも、飼い主と犬との関係を見直し、信頼関係を作ってゆく。そんな地道な努力を続けてゆけば、治る問題行動というものもあるのだと、私はつくづく思いました。

ターゲット・スティック・トレーニング

No.2

棒の先にテープを巻いて、これをターゲットにする。最初は犬にそのターゲットをすぐ鼻先で見せる。好奇心によって鼻をつけてきたら、クリッカーを鳴らす。そのうち、犬は、ターゲットに鼻を付けることを学ぶ。鼻先から徐々に、ターゲットまでの距離を伸ばして訓練してゆくうちに、犬は、ターゲットが少々遠くにあっても、それに向かってやってくるようになる。

となれば、様々な訓練が可能となる。たとえば、室内で高飛びをしたがらない犬でも、こんな風にターゲットでおびき寄せれば、自ずとジャンプをしてくれるようになる。
これは室内での楽しい遊びともなる。

No.3

犬だけでなく、猫や馬、そして動物園の動物にもターゲット・スティック・トレーニングは応用できる。この猫は、共著の藤田りか子の愛猫、リテンだ。リテンはターゲット・スティックの先の黒いターゲットに鼻を突けるたびに、クリッカーを鳴らしてもらい、トリーツを得た。彼女がターゲット・スティックの概念を学ぶまで、かかった時間は約2日間！1日2分の訓練を、3〜4回繰り返したのみ。

No.4

そして訓練2日目には、ターゲットについてゆくことを学び、この通り、猫に障害ジャンプをこなさせることもできたのだ。リテンの前にターゲット・スティックが掲げられていることに注目。これらは、決して単なる芸ではなく、動物に考えさせる機会を与えるメンタル・エキササイズでもある。そう、まさに環境エンリッチメントなのだ。

■ シリーズ・パート1
『ドッグ・トレーナーに必要な「深読み・先読み」テクニック』より抜粋

1年前のギルバート

これは今から1年前のギルバートが、知らない人に会うときのシーンです。防衛心が強く、はじめて出会う人や犬に、攻撃的な態度を見せます。

No.5

リーネさんがギルバートと散歩をしていると、ふと向こうから私が歩いてやってくるのをギルバートが目撃。頭を下げて、耳を前方に。尾がS字の曲線に。やってくる私に集中しているところ。リードがピンと張られていることからも、飼い主のリーネさんはまるでギルバートを信じていないことがわかる（いつ相手のところに猛進していくか、わからないという心情）。ギルバートが「いつでも出陣OK」のポーズを呈しているのは、まわりの状況についてまだ安心できていないから。何かあれば攻撃をして、自分を守るつもりだ。彼自身、気持ちがとても不安定なのであるが、それでもこの写真に見るように、体重が前にかけられているのは、彼が根っからの番犬気質を持つボルドー・マスティフだから。

No.6

体重が後ろにかかり、後ろ足がしっかり地面についている。この体勢をとったときが、犬がジャンプをして飛び掛る瞬間でもある。私が近づいてくるのをじっと見つめている。

No.7

少し時間を空けて私が対面すると、彼は頭を低めにし、私の周囲をぐるりと偵察。獲物や羊を足止めするのと同じ行動。一体どんなやつなのか、と確かめている。この行動は、きっと多くの人を怖がらせてしまうと思う。

BODY LANGUAGE
Essay 6 番外編 ギルバートのその後

そして、現在のギルバートは…

以前は恐怖心から、はじめて会う犬や人に立ち向かってしまうギルバートでしたが、1年の訓練の成果はいかに。これは、ギルバートと、ポインター・ミックスのブラッキーとの出会いのシーンです。

ギルバート 　ブラッキー

No.8

No.10

ポインター・ミックスのブラッキーは、興味深そうにギルバートを見ている。彼女は、いつでも誰とでも遊びたくてしょうがない。恐怖や疑惑を示すボディランゲージはここには見当たらない。

No.11

No.9

ギルバートは車から出され、向こうにいる犬に気がついている。鼻をぺろりとなめ、耳を後ろに引き、カーミング・シグナルを見せる。ただし、もし、これが以前のギルバートであれば、この時点で相手にかなり挑戦的な態度をもち、耳はもっと前に傾けられ、相手に飛びかかろうと、体も前のりになっていたはずだ。今や尾すら高く掲げなくなり、そのかわり下に落とされている。

ギルバートは、とにかくブラッキーを避けようとする。尾は相変わらず下に落とし、攻撃しようとする昔のギルバートとはまったく行動を異にする。そもそもギルバートが攻撃という問題行動を抱えていたのは、彼はとても臆病な犬だからである。常に自分を防衛しようとして、相手に挑みかけてきたのだ。

その行動は治ったものの、相手を疑う彼の臆病さというのは気質であり、やはり今も残されている。相手がメス犬であるにもかかわらず、関わりを避け、そのために、ありとあらゆる行動を取ろうとする。ここで彼はよい言い訳を見つけたのだ。草むらに何かのニオイを感じ、そこに飼い主のリーネさんを引っ張ってゆく。

このときに飼い主は、犬の気持ちを読み取るべき（なぜニオイを突然嗅ぎに行こうとしたのか）。引っ張られたからといって、犬に「ダメ！」を連発する必要はない。ここではぜひギルバートの欲求を満たしてあげよう。さらに、せっかく彼は今回こうしておとなしく振る舞っているのだから、相手の犬と出会ったときに、あまりネガティブな体験をさせない方がいい。他犬との出会いがポジティブであればあるほど、ギルバートの攻撃性は減ってゆくのである。

しかし…、と私はギルバートを見ながらため息をついた。悪いブリーディングとはこのことである。これだけの大型犬が、こんな臆病な気質を持ってはいけないのである。デンマークでは、ボルドー・マスティフはマッチョな見かけの犬として最近人気だ。親犬の気質の選択をろくろく行わず、ただただ子犬を売りつけるために繁殖をするブリーダーが台頭しやすい。

臆病な気質を持っていれば、攻撃行動に発達する可能性は大。危険ではないか！　特にこんな大型犬種で、かつての戦闘犬。闘争欲が強いのだ。

リーネさんがどんなにギルバートのことをかわいがっているかを知っているので、より悲しく思われる。

Chapter 9 | 179

No.12

一方、鳥猟犬の血が入っているブラッキーは、ギルバートの苦悩をよそに、相変わらずポジティブだ。尾を振って、ギルバートと遊びたそうにしている。

No.13

距離をおいて、ブラッキーと対面させてみる。ギルバートは顔を背け、相手に気づかない振りをし続ける。相変わらず、耳は後ろに寝かされ、尾は下に垂れている。

No.14

石像の後ろに行き、ブラッキーを無視し続ける。

相手と関わりを持つには臆病すぎる彼は、おそらく面と向かえば、あるとき突然飛びかかるかもしれない。しかし、相手を見なければ、「防衛したい」という気持ちも起こらなくなる。それで、対面する犬を見ないでいることを学んだ。

しかしそこまで彼が結論するには、リーネさんとの長い訓練の中で学んだことが多いに影響している。

結局、彼が飛びかかろうかなと思った瞬間に、すかさずリーネさんが前にやってくるのだ（訓練中の彼の様子を写真NO.15-17で参照）。そして後ろに押し戻される。飛びかかろうという気持ちを持つことが、まったく意味をなさないということを学習した。これなら、どうやらリーネさんと協調した方がよさそうだ。

■ シリーズ・パート1
『ドッグ・トレーナーに必要な「深読み・先読み」テクニック』より抜粋

ギルバートの引っ張り癖に対処する訓練

1年前からはじめた、ギルバートの引っ張り癖を直す訓練の様子です。他の犬を見たときに、向かっていこうとするギルバートを止めるための練習でもあります。

No.15

リードを引っ張っている犬を力づくで引き戻すよりも、引っ張りそうになったところで犬の前に立ち尽くし、体で犬にプレッシャーをかける。そして後退するようにうながす。この方が、引っ張るよりも犬にとってはわかりやすいボディランゲージとなる。この写真ではリーネさんがすかさず、ギルバートの前に行き、行く道を遮断する。

No.16

ギルバートは、リーネさんのボディランゲージの意図を汲み取ったようで、顔を横に背ける。

No.17

あ、わかった、わかった、母ちゃん！

その証拠に、ギルバートはリーネさんがさらにプレッシャーをくわえると（前に立って、ギルバートに詰め寄って歩く）、後退しはじめた。尾が落ちていることからも「あ、わかった、わかった、母ちゃん！」というニュアンスが伝わってくる。

Essay 6 番外編　ギルバートのその後

No.18

あ〜、この状況、いやだ、いやだ。

リーネさん

ブラッキー

ギルバート

　リーネさんは、ギルバートの行動をここではまったく矯正していない。ギルバートが自ら、自分の横側を見せ、ブラッキーを無視し続けている。ブラッキーがこんなに近づきたがっているにもかかわらず！
　このお行儀よい行動に、リーネさんはトリーツや褒め言葉を与え、彼を励ます。そして行動を強化させている。
　しかし、このへんで、ミーティングは止めておいた方がよさそうである。ギルバートの尾を見てほしい。脚の間に入れられている。「あ〜、この状況、いやだ、いやだ」と苦痛に感じはじめている。

No.19

　この瞬間が危ないのである。リーネさんの注意は今ギルバートにいっておらず、うっかりブラッキーに向けられている。こんなとき、リーネさんはギルバートのボディシグナルを読み損なうかもしれない。もしかして、ギルバートはフラストレーションからストレスを感じて、攻撃したい感情に移るかもしれない（おまけにこの写真では、ギルバートは白目すら見せている…。危ない、危ない）。感情の変化は、百分の一秒の速さで訪れる。そのシグナルを、他の犬に気を止めていることで、うっかり見過ごしてしまう。もし、ここでケンカになったら、今までの訓練はすべて水の泡に！

Essay **6** 番外編　ギルバートのその後

No.20

　ああ、ありがたい！　ここでは、ギルバートは何も問題を見せなかった。相変わらず、ブラッキーを無視し続けてくれた！
　私は、リーネさんに「ほらほら、早く褒めてあげなきゃ！」と助言した。するとギルバートはうれしそうに、リーネさんの顔を見上げ、アイコンタクトを取った。ここで、ミーティングは打ち切った。

No.21

何よ、これ！　こんなに近くで対面しながら、遊べないのね！

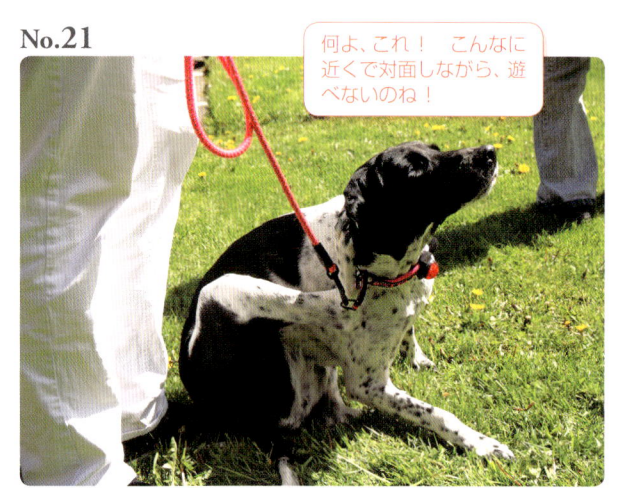

　ミーティングが終わるやいなや「何よ、これ！」とばかり、ブラッキーは体を掻きはじめた。「こんなに近くで対面しながら、遊べないのね！」と自分のフラストレーションを放とうとしている。

No.22

　ギルバートも、ミーティングが終わるとすぐにオシッコをした。そして、後ろ脚で強く蹴り上げた。
　この行為は、以前は「上位の犬だけが行う」と言われていた。そしてこの行為を愛犬が取った場合はすかさず止めさせること、などともアドバイスされてきた。が、最近は否定されている。
　この一連の写真を見ても明らかだ。ギルバートは優位の犬どころか、臆病で怖くてしょうがない犬なのだ。脚を蹴り上げるのは、気持ちを高揚させるため。自分を活気づけるためである。ブラッキーとのミーティングで緊張し、今やそれが解けて少々疲れたのだ。

Lesson　ボディランゲージ 深読みレッスン

ボディランゲージ深読みレッスン

Body Language Lesson

アスランとゲオの出会い

　ここでは、今までの知識の復習として、皆さんに状況解決を提案してもらえるよう、練習問題を用意しました。出演してもらったのは、7章に登場したダルメシアンのゲオと、私の愛犬アスラン。いまからお見せする写真は、アスランとゲオがはじめて出会うシーンです。ゲオは去勢した8歳のオス。彼の詳細については、7章を参考にしてください。
　アスランは6歳のオス。
　これは、ドッグランなどのような広場で犬を会わせるとき、飼い主は犬のボディランゲージの何を気にして、監視を続けておくのか、オス同士が出会ったときに何を気をつけなければならないのか。どうしたら2頭の間に起こりうるテンションを避けることができるのか…、などといったことを皆さんが自分で考えられるよう、そして発見できるよう、そのシミュレーションとしての練習問題です。
　問題解決ならず、ひとつひとつの写真にどんなボディランゲージを見て取れるか、みんなでディスカッションしてみるのもいいでしょう。特に最初の部分で、アスランとゲオは典型的な犬のあいさつ行動を見せています。

　章末に簡単な解説を入れていますが、あくまでも参考としての私の解釈にすぎません。皆さんも、皆さん自身の解釈を見つけてくださって多いに結構。大事なのは、犬の反応（すなわち、反応として見せるボディランゲージ）を見つけられる能力です。それに対する感情の解釈はいろいろあるかもしれませんが、とにかく、ゲオが何をしたら、アスランがどう反応したのか、そんな風にコマを追ってみてください。
　2頭の出会った場所は、私のクリニックのトレーニング・フィールドにて。つまりアスランにとってのテリトリーではありますが、ここはたくさんの犬がやってくるので、私は普段から出来るだけアスランにテリトリー行動（一頭で遊ばせたり、おしっこを引っ掛けるなど）を取らせないようにしています。そしてゲオの飼い主と私は、2頭の行動を約20m離れて監視している状態です。

No.1

アスラン（6歳のオス）
ゲオ（去勢した8歳のオス）

状況　アスランとダルメシアンのゲオがはじめて対面した。ゲオが待っている間に、向こうからアスランがやってくる。

読み解くPoint　2頭のオスの間に、どんなボディランゲージが読み取れるだろう？ 果たしてケンカに至る兆候は、ここに見とれるだろうか？

No.2

読み解く Point　ここで犬は何をしようとしているのだろう。この後に続く行動を予想できるだろうか？

No.3

読み解く Point　この行動は何だろう？（次の写真も同様だ）

No.4

状況　ゲオもアスランの生殖器のニオイを嗅ぐ。

No.5

読み解く Point　アスランの行動から何が読み取れるか？　前の写真とアスランの感情がやや変わってきた様子が見られるだろうか？ ダルメシアンのムードは？

No.6

読み解く Point　アスランがすぐさま見せたこの行動。なんだろう？

No.7

状況　おやおや、アスランは勝手に別方向に去りはじめてしまった！

Lesson　ボディランゲージ 深読みレッスン　BODY LANGUAGE

No.8

読み解く Point　走り去った後に見せたこの行動。なぜ、アスランは突然オシッコをするのだろう？　それに対するゲオの行動は？

No.9

状況　アスランが尿をかけた場所にやってきた。

読み解く Point　このゲオの表情。どんな感情が見て取れる？　そしてアスランのこの行動は？

No.10

状況　そしてアスランはまた去る。

読み解く Point　アスランとゲオ、どちらが心理的に強気に出ているだろう？

No.11

状況　アスランが振り返る。

No.12

読み解く Point　なぜ体を振っているのだろう？

No.13

状況　体を振った後、アスランは地面を嗅ぎ出した。なぜ？ゲオの表情にも注目。ゲオは興味深そうにアスランを見ている。

185

No.14

読み解く Point　アスランは何をしているのだろう？　それにしても、ゲオの行動、どこかしつこくない？

No.15

状況　ゲオの飼い主がやって来た。

No.16

状況　ゲオの飼い主が去った後、アスランはまた地面のニオイを嗅ぎはじめた。

No.17

状況　ゲオが少し顔の位置を変える。

読み解く Point　写真No.16から写真No.17にかけてのゲオの行動は？

No.18

読み解く Point　アスランの反応に注目

No.19

状況　遠くから私はアスランの名を呼んだ。するとアスランは私の方を向いた。どうして？

BODY LANGUAGE
Lesson ボディランゲージ 深読みレッスン

No.20

状況 一旦、私の方向をみて、その後、アスランは、ゲオから離れ去ろうとする。

No.21

状況 寄り添って歩くゲオ。

No.22

読み解く Point ゲオの行動に注目。写真 No.21と写真 No.22の流れで、何をしようとしているのだろう？

No.23

状況 ここで私がシーンに入ってくる。なぜ？

No.24

状況 ゲオに向かって私は進み出てゆく。

No.25

状況 ゲオは体を振る。

187

解説

No.1
ゲオは尾をやや低くして、パタパタと振っている状態だ。彼はいたってフレンドリー。アスランは頭を低くして「相手はいったいどんなやつなのだろう？」と身構えてやってくるが、ただし尾を立てて、「偉そう」にもしている。少し緊張しているのだ。しかしはじめて出会うゲオに、とても興味津々。アスランの左耳が少し横に向けられているのは、私が「ゆっくり、ゆっくり！」とコマンドを掛けているから。それを聞いているのである。

No.2
Cの字を描いてアスランはゲオに近づく。まっすぐにやってくるよりも、相手を触発させず、状況を緩和する。アスランの尾の立てられ方がやや柔らかくなった。ゲオの尾があがる。気持ちが高揚しているのだ。

No.3
犬たちが出会ったときに見せる典型的なあいさつ行動だ。まずは互いの生殖器のニオイを嗅ぎ、相手を確認する。ゲオの尾が低くなり、ぱたぱたと親しそうに振られている。彼の体はアスランに傾けられてすらいる。

No.4
アスランの肩の毛が少し逆立っているのは、気持ちが高揚しているから。彼はゲオのニオイを嗅いで、気が済んだ。この後、どうしたものかと少し考えあぐねているのかもしれない。高く掲げられた尾は、やや強張っている。まだそれほどリラックスしていない。

No.5
アスランはゲオのニオイを嗅いで気が済んだ後、結局この場を離れることに決めた。まだ出会ったときの高揚から立ち直っておらず、肩の毛が立ったまま。両耳が開かれ、舌をペロリ。「もうこれで結構！」。高揚感の後に、自分を静めようとしている感情がここに見られる。一旦嗅いだら、ゲオへの興味はすっかり薄らいだのだ。新しい犬に出会うたびに、はしゃぎまくる犬もいるが、アスランのようにどの犬に出会っても、たいていこんな風にあっさりと振る舞う犬もいるものだ。冷たいように見えるが、実は平和主義者でもある。

No.6
というわけで、アスランはゲオの側から離れる。まだ肩の毛が立っている！これはアスランの癖だ。肩の毛を立たせるのは、必ずしも攻撃性とは限らないのがここで見て取れるだろう。

No.7
アスランは自分を静めるために、別方向に走り去り地面を嗅ぎはじめた。犬の出会いによく見られる行動だ。ゲオに比べ、アスランはそれほど交流を求めていないのだ。ゲオのアスランへの好奇心の強さは、以降数々の写真に見る彼のボディランゲージに表されている。

No.8
出会いの後にこうしてオシッコをするのは、自分の存在を相手に確認させようとしているのと同時に、自分に対する「気持ちを静めよう」行動でもある。そしてゲオの興味深そうな態度を見てほしい。「早く、その場をどいてよ。僕もオシッコをそのうえに引っ掛けたいなぁ！」。

No.9
写真では見にくいが、おそらくゲオは、アスランが尿をかけた後に自分の尿をかけようとしているのだろう。犬は他の犬の尿の上に自分の尿をかけることで、自分の存在をさらに確認させようとする。しかし、この行動をアスランはあまり嬉しくなさそうに見ているのは、この写真から明らかだ。ゲオは心配そうに、アスランを見ている。
そう、この場を仕切っているのは、やはりアスランの方である。ちなみにアスランは前よりも気持ちが少し収まったようだ。肩の毛の逆立ちがなくなっている。

No.10
アスランと打って変わり、ゲオははしゃぎたくてしょうがないのだ。アスランが尿を引っかけた後にすっとその場を去るものの、ゲオは彼に付いてゆく。それをアスランは彼に許している。「何も僕には敵意がないから、付いてきたかったらどうぞ」という意味のカーミング・シグナルなのだろう。アスランは舌をペロリと出している。耳を倒しているが、これは決してゲオに対して自分の存在の小ささをアピールしているためではない。耳で、後ろにいる彼を「観察」しているのだ。そして尾を上げているのは、彼の自信に溢れた気持ちの表れ。もし相手に「小さく」なっていたら、この状態であれば、尾はたいてい下げられているものである。

No.11
ついてくるゲオに、アスランはふっと振り返り「もう一度確認させてもらうよ！」とゲオのニオイを嗅ぐ。

No.12
ニオイを嗅いでいる間、気持ちが高揚した。その緊張感を解くために、アスランは体を振る。

No.13
それほど交流を求めていないアスランは、また地面を嗅ぎはじめて、ゲオがいない振りを決め込む。しかし、それを何も分かっていないゲオ！ はしゃぎたくてしょうがない。遊ぼうよ！とでも言いたそうな表情が分かるだろうか。

No.14
ひたすら無視をし続けるアスラン。ゲオは、アスランが地面に集中していることをいいことに、お尻をもう一度嗅ぐ。しかしゲオの行動、しつこくなりすぎている。

No.15
ゲオの飼い主が、ゲオの行動を懸念して、間を割って入ってきた。アスランは無視を決め込んでいるのだから、これ以上ゲオがしつこくアスランに介入すると、いつかアスランは怒りだすかもしれない。ゲオに向かって「こ〜い！」とコマンドを出して繰り返すよりも、こうしてボディランゲージで意図を示した方がよほど効果的。アスランは、礼儀正しく振る舞う犬だが、いざとなれば、彼の怒りはかなり「怖い」。ケンカに至って、ゲオを傷つけないよう、飼い主はここで必要なアクションを取ったというわけだ。

No.16 No.17
ゲオの飼い主が介入した後、またアスランは地面を嗅いで、ゲオがいない振りをしている。別にアスランはゲオを恐れているわけではない。地面を嗅ぐというのは、とても無防備な状態だ。それでも、ゲオに側に来させているアスランの自信に注目。しかし、アスランが何もしないからといって、ゲオは何をしてもいいとは限らない！ 飼い主はここで油断をしないように。ゲオは今やお尻を嗅がず、アスランの背中に自分の顔を向けている。これはマウンティングしようとしている兆候だ！

No.18
ゲオの行動はまたもや行き過ぎたようだ。今度こそ、アスランは顔をあげ、「ムッ」とした表情を見せる。

No.19
私は、前の写真の状態で少し危機を感じたのだ。アスランがゲオに対してこれ以上ムッとした気持ちを高めないよう、気をそらすために「アスラン！」と名前を呼んだ。するとアスランは舌を出して私の声に反応した。ゲオのつきまといから解放されたい緊張感がたまっていたのだろう。私に呼ばれてホッとして舌を出したのかもしれない。

No.20
私に呼ばれたのをよい機会にアスランはゲオの側から離れようとばかり、早足で逃げる。

No.21 No.22
ゲオはかなりしつこい！ アスランにマウンティングを試みようとしているのは、明らかだ。（写真No.22）で、ゲオの前脚がアスランのお尻に向かって上がりはじめている。ゲオの集中した目つきにも注目。アスランは、しかしゲオに怒りたくても、怒る気持ちを静めようと、ひたすらカーミング・シグナルを出して、「くわばら、くわばら」サインを見せる。目を細め、舌を出す。しかし、これも時間の問題。アスランは、決して弱気な犬ではないからだ。
ところで、なぜゲオはマウンティングをしようとしているのか。犬のマウンティングとは、犬が他の個体に交尾行動のときのように乗ることだが、これはオス犬がメス犬に対して行う行動とは限らず、オス対オス、メス対メスもあるし、あるいは人間やぬいぐるみ、毛布などに対しても行う。生殖行動以外で起こる多くの場合、興奮時、気持ちが高揚したときに対処する転位行動として解釈するといいだろう。ゲオは、アスランがあまりにも知らん振りを決め込んでいるので、フラストレーションを感じたのだ。彼としては一緒に走って追いかけっこをして遊びたいのに！ それで、何をしたらよいか分からなくなり、アスランにマウンティングをしようとした。

No.23
もう読者の皆さんは、お分かりだろう。私の意図が。これ以上ゲオの好きなようにさせていれば、いつか大ケンカになるのは明らか。別にゲオがしつけのされていない犬だから、というわけではない。時々、こうしてしつこくつきまといたがる犬というのは、必ずいるものである。ゲオはダルメシアン。エネルギーに溢れた犬だ。何はともあれ、2頭の間を引き裂いた。アスランの顔を見てほしい。ホッとしたようである。

No.24
ゲオはまるで私の意図がわからず、まだ遊びたそうにしていたので、今度こそ私は彼の前に立ちはだかり、ボディランゲージで彼に圧力をかけた。「アスランに近づいちゃだめ！」。
後ろでアスランがあくびしているのに気がつかれただろうか。アスランはゲオのつきまといから解放されて、ホッとしているのだ。「ヴィベケ、ありがとう、僕を救ってくれて！」とでも言っているようだ。

No.25
私にたしなめられ、ゲオは体を振る。「ひゃぁ、怒られちゃったよ！」。だからといって、私とゲオの飼い主は、ゲオを捕まえてつなぐことはしなかった。また2頭をフリーにさせておいた。すぐに捕まえると、犬は「捕まえられる前に、なんとかしなくては！」と自分のやりたい行動を急いでしまうことがある。それを学習させてはいけない。もっともゲオは、普段から社会化訓練を十分に受けた、犬社会のルールとマナーを十分に理解している犬だ。こうして私たちが適当に介入しているだけで、十分他の犬とやっていける。さらに、こんな練習を私たちの監視の元で何度か行っているうちに、どこまで他の犬につきまとってもいいのか、いけないのか、という限界とマナーを学んでくれる。

INDEX

あ
- アイコンタクト……………………… 37、59、60、83、138、182（その他）
- 穴のあいた橋を渡る訓練…………… 76
- アンデシュ・ハルグレン氏………… 110
- 犬の信頼を得るコツ………………… 154
- 犬の周りを歩く演習………………… 50
- 犬はコンタクトから安心感を得る… 33
- オキシトシン………………………… 99
- オビディエンス……………………… 142、144
- オペラント条件付け………………… 145

か
- 階段の上り下りをする訓練………… 78
- 飼い主に依存する癖をつける……… 17
- カイロプラクティック……………… 96、108（その他）
- カウンセリングの質問表…………… 12
- カット・オフ・シグナル…………… 11、20、58、65（その他）
- カーミング・シグナル……………… 29、52、55、81（その他）
- キャパシティ・オーバー…………… 167
- 首を絞めると眼圧をあげる………… 116
- 口を使うことの意味………………… 11
- 靴を履くのも訓練のうち…………… 77
- 軍用犬ハンドラーの心持ち………… 75
- 軍用犬を育てはじめる時期………… 72
- 攻撃行動の原因……………………… 62
- 行動コンサルティングに欠かせない要素… 96
- コマンド……………………………… 73、131（その他）

さ
- 散歩中の遊び………………………… 18
- シェーピング………………………… 148
- シーソーの訓練……………………… 84
- 社会化訓練…………………………… 65
- 狩猟欲………………………………… 94
- ストレスの原因になるもの………… 96
- ストレス・サイン…………………… 140
- スナッピング………………………… 73
- スパイク・カラー…………………… 115
- 背中の痛みの主な原因……………… 112

た
- 抱き上げて運ばれる訓練…………… 80
- チョーク・チェーン………………… 114、118
- 爪切り………………………………… 15、140
- でこぼこな場所を歩く訓練………… 81
- テリントン・タッチ………………… 99
- 転移行動……………………………… 29、130、134
- トリーツの過剰……………………… 28
- トリーツの回数を減らしていく…… 30

な
- 名前を呼びながら方向転換………… 37
- ニオイを嗅ぐ行為はやめさせないでOK… 120
- 苦手なものには先手を打つ………… 19

は
- ハーネスを使う……………………… 114
- 歯を見る練習………………………… 135
- ハンドシグナル……………………… 146
- 引っ張り癖…………………………… 114
- 引っ張りっこのご褒美……………… 79
- ビデオカメラで撮影してみよう…… 159
- フラストレーション………………… 128、134、142、182（その他）
- ブレイク・タイム…………………… 138
- ヘリコプターに乗る演習…………… 84
- ヘルパー……………………………… 86、87
- 防衛訓練……………………………… 86
- 吠える犬を作ってしまう悪い例…… 158
- 他の犬を怒らせてしまう原因……… 55
- ポジティブ・トレーニング………… 110、118
- 細い橋を渡る訓練…………………… 83

ま
- マウンティング……………………… 188
- マッサージ後のストレッチ………… 106
- マッサージとカイロプラクティックの違い… 96
- メンタル・キャパシティ…………… 10、74、81、120、131（その他）

や
- 揺れるものの上を歩く訓練………… 82
- よく走って遊ぶ犬は背中が強い…… 112

ら
- 来客に向かって吠える癖…………… 156
- 良好な関係づくり…………………… 18

わ
- 私の考える犬との関係……………… 59

※本誌でよく出てくる言葉については、主なページを記載させていただいております。

用語集

- アイコンタクト……………… 犬と目をあわせて協調すること
- オキシトシン………………… 「幸せ」を感じたときに血中に放出されるホルモン。
- オビディエンス……………… 服従訓練
- オペラント条件付け………… （P144を参照）
- カット・オフ・シグナル…… いま行っていることを中止させる合図（そして別のことをしてもらう、というのがその意図）
- カーミング・シグナル……… 犬同士が、相手を挑発させないよう、攻撃する意図のないことを伝える合図。
- 環境エンリッチメント……… 活動的になる環境
- クリッカー…………………… トレーニングで使う道具。褒めるときにカチッと鳴らす。
- コマンド……………………… 合図（フセ、マテ、オスワリなど）
- 社会化訓練…………………… 人および犬の社会に馴染めるように、訓練すること。
- シグナル……………………… 犬に声や手などで、合図をすること。手で合図をすることを、ハンドシグナルと言う。
- シェーピング………………… こちらの希望に近しい行動を犬がしたときに褒め、徐々に精度をあげていくこと。
- スナッピング………………… 噛むふりをして、カチッと歯を鳴らす行動。
- スパイク・カラー…………… 行動を強制する首輪の一種。首輪の内側にスパイク（突起）がついている。飼い主がリードを引くと、犬の耳元でガチャッと音が鳴る。
- チョーク・チェーン………… 引っ張り癖を直す首輪の一種。犬が引っ張ると首が閉まる。
- テリントン・タッチ………… タッチ・セラピーの一種（P99を参照）
- 転移行動……………………… 心理的な葛藤から生ずる緊張感を放つときにする行動
- トリーツ……………………… ご褒美のおやつ
- ネガティブ…………………… 消極的、マイナス
- ハーネス……………………… 犬の胴に装着する引き具。首輪の代わりに使う。
- ハンドラー…………………… 調教師。犬の指導者。リードを引く人。
- ハンドリング………………… 犬を誘導すること
- フラストレーション………… 欲求不満
- プロファイル………………… 分析結果
- ヘルパー……………………… 助け役、補助役、というのが本来の意味であるが、本書で紹介したような（第5章）防衛訓練というコンテクストにおいては襲う役の人を指す。
- ポジティブ・トレーニング… 褒めてしつける
- ボディランゲージ…………… 肉体に表現された感情、あるいは非言語コミュニケーションのひとつ。
- マウンティング……………… （P188を参照）
- メンタル・キャパシティ…… 心の許容量
- モチベーション……………… やる気

Afterword
あとがき

文:ヴィベケ・S・リーセ

飼い主に信頼されるテクニック
「正しく」笑い飛ばし「適切」に指導を与えるテクニック

　この本のタイトルはドッグトレーナーにとっての「犬に信頼されるテクニック」ですが、最後をもって、ドッグトレーナーにとって「飼い主に信頼されるテクニック」についても記したいと思います。というか、これはトレーナーと飼い主の間のエチケット論として解釈してくださるといいでしょう。

　トレーナー、及び行動カウンセリングの仕事は、犬からだけではなく、実は飼い主からの信頼なしには到底成り立ちません。そして私の長年の経験や他のトレーナーの方法を見て、ひとつ結論できるのは「決して飼い主を見下したり、馬鹿にしたりするような態度はとってはいけない」ということ。

　なぜなら飼い主の犬訓練の成功の秘訣は、トレーナーがどれだけ飼い主に自信を与えるかにかかっていると思うのです。これはまさに犬への訓練と同じ、飼い主に自信と余裕がなければ、それだけ（飼い主の）学習能力が劣ってしまいます。

　良きトレーナーとはどんなときも、明るく、ポジティブ、ユーモアを絶やさない人 、と私は信じています。これは犬をトレーニングする際、あるいは飼い主にコーチングやカウンセリングをする際も等しく当てはまります。

　多数のクライアントを扱う教室（コース）であればクラス全体の雰囲気に余裕を持たせ、各々の飼い主にも楽しい笑いを持ってもらう。その意味で、私は第9章の楽しいクリッカートレーニング・セッションを紹介してみました。この章のいくつかの例で見たように、私たちトレーナーにはぜひとも「正しく」飼い主の失敗を笑い飛ばす心の余裕が必要です。

　が、これは決してふざけることを推奨しているのではありません。冗談に溢れながらも、私たちトレーナーの目はたえず、犬と飼い主のボディランゲージに鋭く注意が注がれているものです。

　トレーナーとして何よりも大事な態度とは、まず自身にゆとりを持たせているということ。するとその態度は自然と飼い主にも伝播され、彼らの気持ちにも余裕がでてくる。一旦飼い主の気持ちにゆとりがでれば、トレーナーから適切な指導を受け入れるだけの土台も出来上がっている、ということです。別の言葉でいうとメンタル・キャパシティを広げている状態、とでも言いましょうか…。

　逆に飼い主の気持ちに余裕を持たせないとどうなるでしょう？　あるクライアントから別のトレーナーによってこんな言い方をされてしまったとコンサルタントを受けたことがあります。「どうしてこんな馬鹿なやり方をするんだ。どうして、私が言ったことが分からないんだ。こうしなきゃ、だめじゃないか！」

　確かにトレーナーの言うことは一つ一つ正しいのですが、精神的なプレッシャーを感じて、これ以上レッスンを続けられない。彼女はすっかり萎縮していました。自分について「なんて私って能なしなんだろう」と卑下をするあまりに、すくんでしまったのです。

　それで彼女は私のところにやってきました。犬と同様、ストレスの心境に追いやられると、飼い主はトレーナーの言っていることを理解したり学習したりする余裕など到底持つことができません。一方で彼女のように萎縮するかわりに、わざと元気に振る舞う人もいますが、実は面目を失わんと、自分の失敗を隠そうとしている努力にすぎなかったりします。それではやはり正しい質問をトレーナーに返すことも出来ず、何も学べなくなってしまいます。

　犬と同様、飼い主も、自分の行いが一つ一つ成功につながることで学習するものです（もちろん失敗から学ぶ人生経験というのも多いのですが、小さな技となると褒める訓練法の方が効果はあります）。そうすることで、トレーナーは、飼い主にたくさんの自信を与え、その自信はさらに飼い主が犬を教えるときに反映されるようになる、

というわけです。

　トレーナーがクライアントを厳しい言葉で「いじめる」のは間違った職業的倫理だと思うのですね。トレーナーというのはそもそもサービス業です。クライアントなしには成り立たない。そう、トレーナーは飼い主のためにいるのではありません。飼い主こそ、トレーナーのために存在してくれている、と！　そう考えて日々仕事をすることも大事だと思うのです。となると、クライアントの気持ちを打ちのめしてどうするというのでしょうか！?

　ただし私がこの職業についている真の動機は、できるだけ幸せな犬たちが増えてほしい、問題犬となって捨てられてほしくはない、というものにすぎないのですが！

　それからもうひとつ、よきトレーナーになるためのアドバイスを、ここに付け加えておきましょう。

　才能のあるトレーナーというのは、決してふたりの人間に同じようには教えない、ということ。たとえ、同じ犬を扱っていても、です。それぞれの個人に合った方法というものがあるはずなのですね。ネガティブな言葉にシュンとしてしまう人、何事にも肩の力を抜いている人、あるいはこちらが何を言ってもまるで気にしない人、飼い主の反応は様々。個人に応じて、たとえば家庭の状況に応じて、訓練法を変えてゆく必要があります。そして、犬によっても教え方が異なるのは言うまでもありません…。

　…となると、「これぞ！」という犬のカウンセリング／トレーニング方法というのは、もしかしてまったく存在しないものなのかもしれません。まさに子育てと同じです。

　というわけでこの本を読みながら、犬のボディランゲージや犬を信頼させるコツを学びながらも、得た知識はあくまでもヒントと参考に止めておくことを強調したいのです。最終的には、自分なりの方法と、その飼い主、その犬ならでは、というトレーニング・メニューを編み出すべきでしょう。この点で料理と似ている部分もあります。最初は、レシピにしがみついていた私ですが、しばらくすると、レシピを離れて、自分なりの工夫が入ってくる。するとオリジナルのレシピよりもさらに「私の家族」のテーストにぴったりの、完璧な料理が出来上がってきます。

　この本をヒントに皆さんにぴったりのレシピが生まれること、期待しています！　その際はぜひメールをくださいね。待っています！

メールアドレス：vibeke@reese-nda.dk

●共著
　　著　　　　ヴィベケ・S・リーセ（Vibeke Sch. Reese）
　　著・写真　　藤田りか子

●デザイン　下井英二
　　　　　　早川真理子／HOTART

ドッグ・トレーナーに必要な「犬に信頼される」テクニック

2012年11月30日　発行　　　　　　　　　　　　　　NDC645.6
2021年 5月15日　第3刷

著　者　Vibeke Sch. Reese
　　　　藤田りか子

発 行 者　小川雄一
発 行 所　㈱誠文堂新光社
　　　　　〒113-0033　東京都文京区本郷3-3-11
　　　　　【編集】電話03-5805-7285
　　　　　【販売】電話03-5800-5780
印刷・製本　図書印刷株式会社

Ⓒ2012, Vibeke Sch. Reese , Rikako Fujita　　　Printed in Japan

検印省略
万一乱丁・落丁本の場合はお取り換えいたします。
本書掲載記事の無断転用を禁じます。

本書のコピー、スキャン、デジタル化等の無断複製は著作権法上での例外を除き禁じられています。本書を代行業者等の第三者に依頼してスキャンやデジタル化することは、たとえ個人や家庭内での利用であっても著作権法上認められません。

JCOPY＜（一社）出版者著作権管理機構　委託出版物＞
本書を無断で複製複写（コピー）することは、著作権法上での例外を除き、禁じられています。本書をコピーされる場合は、そのつど事前に、（一社）出版者著作権管理機構（ 電話 03-5244-5088／FAX 03-5244-5089／e-mail:info@jcopy.or.jp）の許諾を得てください。

ISBN978-4-416-71205-4